湖南通道玉带河国家湿地公园
资源本底科学考察报告

张志强　曾垂亮　陆奇勇　主编

中国纺织出版社有限公司

图书在版编目(CIP)数据

湖南通道玉带河国家湿地公园资源本底科学考察报告 /
张志强,曾垂亮,陆奇勇主编. －－北京:中国纺织出版
社有限公司,2021.3

ISBN 978-7-5180-8293-3

Ⅰ.①湖… Ⅱ.①张… ②曾… ③陆… Ⅲ.①沼泽化
地—国家公园—科学考察—考察报告—湖南 Ⅳ.
①P942.647.8

中国版本图书馆 CIP 数据核字(2021)第 016222 号

责任编辑:郑丹妮 国帅 责任校对:王蕙莹
责任印制:王艳丽

中国纺织出版社有限公司出版发行
地址:北京市朝阳区百子湾东里 A407 号楼 邮政编码:100124
销售电话:010—67004422 传真:010—87155801
http://www.c-textilep.com
中国纺织出版社天猫旗舰店
官方微博 http://weibo.com/2119887771
北京华联印刷有限公司印刷 各地新华书店经销
2021 年 3 月第 1 版第 1 次印刷
开本:889×1194 1/16 印张:11
字数:219 千字 定价:186.00 元

《湖南通道玉带河国家湿地公园资源本底科学考察报告》
编 写 委 员 会

主　编：张志强　中南林业科技大学野生动植物保护研究所　　　　　　　　　　讲师/硕导
　　　　曾垂亮　通道侗族自治县林业局　　　　　　　　　　　　　　　　　　　　局长
　　　　陆奇勇　通道侗族自治县林业局　　　　　　　　　　　四级调研员、工程师
副主编：杨道德　中南林业科技大学野生动植物保护研究所　　　　　　　　　　教授/博导
　　　　喻勋林　中南林业科技大学野生动植物保护研究所　　　　　　　　　　教授/硕导
　　　　王光军　中南林业科技大学南方林业生态应用技术国家工程实验室　　　教授/博导
　　　　袁建琼　中南林业科技大学森林旅游研究中心　　　　　　　　　　　　副教授/硕导
　　　　刘志刚　湖南通道玉带河国家湿地公园　　　　　　　　　　　　　　　高级工程师
　　　　莫晓军　湖南通道玉带河国家湿地公园　　　　　　　　　　　　　　　高级工程师
　　　　吴革听　湖南通道玉带河国家湿地公园　　　　　　　　　　　　　　　高级工程师
　　　　吕青芳　湖南通道玉带河国家湿地公园　　　　　　　　　　　　　　　　工程师
编　委：（以单位及个人贡献排名）
　　　　中南林业科技大学：
　　　　张志强　杨道德　喻勋林　王光军　袁建琼　胡睿祯　潘　丹　杨　静　张茵韵
　　　　涂蓉慧　侯德佳　曹　越　夏　昕　甘惠婷　肖舒月　王虎翼　赵　韬　赵　婷
　　　　赵思远　程　晨　徐志红　尚　超　刘沛书　郭金美　陈　伟　段明霞　曾文卓
　　　　吴泳仪　刘雯婧
　　　　湖南师范大学：
　　　　王　斌　吴倩倩　赵冬冬　刘宜敏　石胜超　任锐君
　　　　通道侗族自治县林业局：
　　　　曾垂亮　陆奇勇　刘志刚　莫晓军　吴革听　吴东霞　谢铁英　陆明鑫　吴少武
　　　　杨玉玮　陆安信　杨利勋　吕青芳　吴满毅　吴祥军　姚东阳　周红娥　李进斌
　　　　杨　晶　侯风华　袁通志　蒙世辉　杨　娟　杨显恒　陆安忠　尹　俊
　　　　怀化市林业局：
　　　　杨文煌　张　凯　杨万里　欧阳胜利　刘汝清
摄　影：张志强　杨道德　喻勋林　吴少武　罗教和　李剑志　康祖杰　胡睿祯　潘　丹
　　　　张　冰　杨　静　甘惠婷　赵　韬　王虎翼　陆奇勇　杨玉玮　杨利勋　杨新福
　　　　刘大源　杨雅茹　杨康师　吕青芳　刘志刚　陆安信
制　图：张志强　杨　静　潘　丹　程　晨　吴革听
审　核：张志强　杨道德　喻勋林　胡睿祯　甘惠婷　肖舒月　尚　超　陆奇勇　刘志刚
　　　　莫晓军　吴革听　吕青芳　周红娥　袁通志　蒙世辉　杨　娟　杨显恒
审　定：张志强　杨道德　喻勋林　曾垂亮　陆奇勇

张志强，中国动物学会鸟类学分会会员，中南林业科技大学讲师、硕士研究生导师，获北京师范大学动物学博士学位，主要研究方向为鸟类生态学、野生动物保护与利用、自然保护地规划与管理。目前，已主持和参与国家级、省部级与地方技术服务项目60余项，发表学术论文20余篇，主编《湖南通道玉带河国家湿地公园鸟类监测手册》，参编《中国鸟类生态大图鉴》《中国森林鸟类》《中国大百科全书》鸟类分册等专著6部。

曾垂亮，男，1974年12月出生，苗族，本科，通道县县溪镇人。2017年1月至今任县林业局党组书记、局长，主持林业局全盘工作。带领林业局深入推进生态文明建设，开展生态发展保护工作，成绩斐然，主要包括：推进湖南通道玉带河湿地公园建设，完成天然商品林区划，开展森林城市建设，推动油茶"三个一"项目等工作；荣获省保护发展森林资源目标责任制监督检查优秀单位，全国林下经济示范基地，全省林木种苗工作先进集体，全省林业宣传和生态文化建设先进单位，湖南省最美绿色通道等荣誉称号；主编《湖南通道玉带河国家湿地公园鸟类监测手册》。

陆奇勇，男，1964年11月18日出生，侗族，湖南农业大学园艺专业毕业，本科，林业工程师，通道县溪口镇人。1998年9月至2017年3月任县林业局党组副书记、副局长、总工程师，2017年3月任四级调研员。主要研究方向为造林绿化、生态修复、生态保护，承担国家级公益林、天然商品林、湖南通道玉带河国家湿地公园等多项国家级工程；在国家级、省级专业期刊发表学术论文12篇，主编《通道县生物多样性调查与研究》和《湖南通道玉带河国家湿地公园鸟类监测手册》；获国家林业局ABT生根粉科技推广一等奖、省科技进步四等奖一项、市科技进步二等奖三项，被国家林业局授予科技服务先进个人，被湖南省绿化委员会、省人事厅授予"绿化先进个人"，并记一等功，被怀化市人民政府记二等功，被通道县人民政府记三等功。

内容简介

　　本报告是在2015~2021年2月历次对湖南通道玉带河国家湿地公园（以下简称玉带河湿地公园）自然资源本底调查成果汇总的基础上完成的报告专辑。报告共分六章：第一章总论，简要介绍了玉带河湿地公园自然环境、自然资源、社会经济等概况；第二章介绍了玉带河湿地公园自然地理环境；第三章介绍了玉带河湿地公园野生植物资源调查结果、分析与资源评价；第四章介绍了玉带河湿地公园野生脊椎动物资源调查结果、分析与资源评价；第五章介绍了玉带河湿地公园旅游资源及评价等级；第六章对玉带河湿地公园生态系统服务价值予以测算与评估。

　　本报告可供从事湿地公园、森林公园、自然保护区等自然保护地野生动植物保护与管理的相关工作人员，以及植物学、动物学、生态学等科研人员参考使用。

序

欣闻《湖南通道玉带河国家湿地公园资源本底科学考察报告》即将付梓，特表衷心祝贺！

湿地被称为"地球之肾"，是维持自然界丰富的生物多样性和人类社会赖以生存发展的重要生态环境之一。如今，湿地保护已经受到党中央、国务院和社会各界的高度重视，湿地公园制度是我国湿地保护制度的重要一环。湖南省地处长江中下游，境内水系发达，湿地资源非常丰富，有属于长江水系的湘江、资水、沅水和澧水 4 大河流和全国第二大淡水湖——洞庭湖。为保护湿地资源，截至 2020 年底，全省已建有 78 处湿地公园，其中已挂牌和批建的国家级湿地公园就有 70 处，位居全国首列。

通道位于湖南省西南边陲，怀化市最南端，湘、桂、黔三省（区）交界处，素有"南楚极地、北越襟喉"之称。据"大荒遗址"考证，早在五千年以前已有人类活动。通道县地处云贵高原与南岭西端的过渡地带，东北为雪峰山余脉延伸地，西南有贵州苗岭余脉，全境山多田少，有"九山半水半分田"之称。通道县境内溪河密布，有集雨面积在 5 km² 以上的溪河 94 条，每百平方公里有溪河 4 条，总长 1455.88 km，分属两大水系。从八斗坡向南，有平等河、普头河、恩科河、里溪河、洞雷河等 5 条，经广西龙胜、三江等县流入浔江，汇入融江，属珠江水系，流域面积仅占全县总面积的 6.2%。其余 89 条溪河汇集于渠水，经靖州、会同、洪江等县市，注入沅江，属长江水系，流域面积占全县总面积的 93.8%。

通道玉带河国家湿地公园位于渠水上游，包括晒口水库、四乡河等。独特的地理区位与良好的生境条件孕育了丰富的生物资源。在通道县政府，特别是县林业局以及玉带河国家湿地公园的组织领导下，对湿地公园资源本底进行了常年的系统监测，结合历史调查数据，发现了不少野生动植物新种、新纪录种，凝练出的科考成果，实属不易。

《湖南通道玉带河国家湿地公园资源本底科学考察报告》的正式出版，向世人系统全面地介绍了该公园的生态环境和生物资源，对国家湿地公园建设与保护具有积极作用。

湖南师范大学教授

湖南省动物学会副理事长

世界自然基金会长江湿地专家

前　言

　　地球上有三大生态系统，即：森林、海洋、湿地。湿地覆盖地球表面仅有6%，却为地球上20%的已知物种提供了生存环境，具有不可替代的生态功能，是人类最重要的生存环境之一。湿地广泛分布于世界各地，拥有众多野生动植物资源，很多珍稀水禽的繁殖和迁徙离不开湿地，因此湿地被称为"鸟类的乐园"。湿地拥有强大的生态净化作用，因而又有"地球之肾"的美名。近现代在人口爆炸式增长和经济发展的双重压力下，20世纪中后期大量湿地被改造成农田，加上过度的资源开发和污染，湿地面积大幅度缩小，湿地物种受到严重破坏。许多国际重要湿地急剧丧失，引发了严重的环境后果。

　　我国是世界上湿地类型齐全、数量丰富的国家之一。我国湿地具有类型多、绝对数量大、分布广、区域差异显著、生物多样性丰富的特点。我国湿地的保护处于起步阶段，湿地公园建设起步较晚，诸多理念尚不成熟，在湿地公园的建设上表现出一系列的问题。虽然我国在新中国成立初期就开展了泥沼方面的研究工作，但是真正将湿地作为一类具有共同属性的生态系统加以管理和研究，则开始于我国政府1992年7月31日正式加入《湿地公约》，并将湿地保护与合理利用列入《中国21世纪议程》和《中国生物多样性保护行动计划》优先发展领域。

　　湿地公园的性质不同于一般类型的公园，它类似于小型保护区，但较于保护区又有些许差别。它是集自然生态保护、生态观光休闲、生态科普教育、湿地研究等多方面于一体的典型生态型公园，湿地公园的开发建设具有较高的综合价值，也是目前解决湿地开发与保护问题的行之有效的途径之一。

　　党的十八大以来，党中央着眼"五位一体"总体布局，坚持"绿水青山就是金山银山"绿色发展理念，统筹推进山水林田湖草系统保护，将湿地保护提高到历史新高度。党的十九大强调，"像对待生命一样对待生态环境，统筹山水林田湖草系统治理""实施重要生态系统保护和修复重大工程……强化湿地保护和恢复"。引起了全国人民对生态文明和美丽中国建设更多的关注并激发了极大热情。这一局面的开创，为国家湿地公园建设营造了更加优越的政策与舆论氛围。

　　湖南省地处长江中下游，境内水系发达，湿地资源丰富，有属于长江水系的湘江、资水、沅水和澧水4大河流和全国第二大淡水湖——洞庭湖。为保护湿地资源，湖南省人民政府相继出台了《湖南省人民政府办公厅关于加强湿地保护管理工作的通知》（湘政办函[2004]146号）、

《湖南省湿地保护条例》（2005 年 10 月）和《湖南省人民政府办公厅关于加强洞庭湖湿地保护管理工作的通知》（湘政办函[2006]168 号）等一系列的湿地保护法规及政策措施。此后，湖南省国家湿地公园试点申报工作进入快车道，截至 2020 年底，全省已建有 78 处湿地公园，其中已挂牌和批建的国家级湿地公园就有 70 处，位居全国首列。

为贯彻落实《中共中央、国务院关于加快推进生态文明建设的意见》（中发 [2015]12 号）、国务院办公厅《关于加强湿地保护管理的通知》（国办发 [2004]50 号）、国家林业局《关于做好湿地公园发展建设工作的通知》（林护发 [2005]118 号）文件精神，实现"生态立县、旅游兴县、产业强县"的目标，更好地保护玉带河湿地生态系统，中共通道侗族自治县委、县人民政府适应新常态，从全县生态建设的大局出发，审时度势地做出了建设湖南通道玉带河国家湿地公园的决定，并于 2015 年 12 月，国家林业局批准了湖南通道玉带河国家湿地公园试点建设，建设时间为 5 年。

湖南通道玉带河国家湿地公园位于湖南省西南边陲的通道侗族自治县中部，由万佛山镇官团村瑶坪组经菁芜洲镇、县溪镇江口村的大鱼潭与靖州交界处及县溪镇犁头嘴至晒口水库与靖州交界处的水域、河洲漫滩及周边部分山地等组成。湿地公园内不仅青山环抱，风景旖旎，湖光潋滟，鸟语花香，而且具有浓郁的侗族民俗风情和丰富的红色文化遗存。2015 年玉带河湿地公园申报国家湿地公园试点期间，经初步调查，公园记录了野生脊椎动物 226 种，其中，鱼类 41 种，隶属于 4 目 11 科，两栖动物 17 种，隶属 1 目 6 科，爬行动物 19 种，隶属 2 目 6 科，鸟类 123 种，隶属 16 目 42 科，哺乳动物 26 种，隶属 6 目 16 科；区内共有种子植物 153 科、533 属、832 种（含种下等级，下同），其中裸子植物 6 科、11 属、12 种，被子植物 147 科、522 属、820 种，被子植物中的双子叶植物 125 科、409 属、652 种，单子叶植物 22 科、113 属、168 种。可见，玉带河湿地公园内野生动植物资源丰富，并且有国家二级重点保护植物 6 种，国家一级重点保护野生动物 1 种，国家二级重点保护野生动物 19 种，中国特有动物 36 种。湿地公园位于东亚—澳大利亚候鸟重要迁徙路线上，每年为候鸟提供良好的栖息环境。湿地公园生态区位优势明显，是一个不可多得能够体现河流生态系统完整性与生物多样性保育示范的场所，对保障渠水流域湿地生态安全具有重要作用。

限于当年申报试点工作时对玉带河湿地公园野生动植物本底资源调查还不甚彻底，在随后公园实施年度资源监测时，又陆续发现了国家一级重点保护野生动物——中华秋沙鸭（*Mergus squamatus*）和国家二级重点保护野生动物——灰鹤（*Grus grus*）等一批湿地公园鸟类及其他动物类群的新纪录种，表明玉带河湿地公园野生动植物资源本底尚有待进一步系统调查，以便尽可能地摸清公园内的资源本底状况，为将来的资源监测工作提供可靠的依据。自玉带河湿地公园被批准为国家湿地公园试点建设单位后，湿地公园便多次邀请科研院所与社会民间热心野生动植物保护事业的志愿者参与公园内野生动植物资源调查工作。在陆续发现一批公园的野生动植物新纪录种的基础上，为全面地总结湿地公园的资源本底状况，推动系统性调查工作，2018

年3月，湖南通道玉带河国家湿地公园同中南林业科技大学野生动植物保护研究所正式签订玉带河国家湿地公园资源本底调查协议，对该公园野生动植物资源进行系统调查与监测。经过为期3年的系统调查，在以往调查成果的基础上，调查人员又有许多新发现，并按照现行最新的野生动植物分类系统进行了梳理。截至2021年2月底，调查人员共记录玉带河湿地公园及周边邻近区域维管束植物171科、572属、911种（含种下等级，下同），其中蕨类植物15科、21属、24种，裸子植物6科、11属、12种，被子植物150科、540属、875种，被子植物中的双子叶植物126科、421属、692种，单子叶植物24科、119属、183种。较2015年调查结果，现已新增玉带河湿地公园范围内植物新纪录79种（包括原名录中没有的蕨类植物24种）。

截至2021年2月底，玉带河湿地公园及周边邻近区域记录野生脊椎动物325种，其中鱼类52种，隶属4目11科；两栖动物22种，隶属1目7科；爬行动物34种，隶属2目6科；鸟类188种，隶属17目57科；兽类29种，隶属于6目16科。较2015年调查结果，现已新增玉带河湿地公园野生动物新纪录99种，其中鱼类新增11种，两栖动物新增5种，爬行动物新增15种，鸟类新增65种，兽类新增3种。玉带河国家湿地公园现已记录的325种野生脊椎动物中，有42种脊椎野生动物属国家重点保护野生动物，占公园野生动物总物种数的12.92%。其中，国家一级重点保护野生动物3种，即小灵猫（*Viverricula indica*）、白颈长尾雉（*Syrmaticus ellioti*）和中华秋沙鸭（*Mergus squamatus*）；国家二级重点保护野生动物39种。

综上所述，此次历经3年的玉带河湿地公园野生动植物本底资源调查既是对前期调查成果的肯定与补充，又是一次系统地按照最新的《国家湿地公园生态监测技术指南》中技术规程进行的湿地公园资源监测工作。

由于国家湿地公园生态监测技术涉及面广，专业性强，限于调查团队业务实力尚不足以涵盖所有动植物类群，又限于作者水平和仓促成稿，错误与不当之处在所难免，敬请读者、专家、同行朋友惠予指正。

编委会
2021年2月

目　录

第一章　总论 ··· 001

  1.1　公园范围及功能区划 ··· 001

  1.2　自然环境概况 ··· 004

  1.3　自然资源概况 ··· 005

  1.4　社会经济概况 ··· 007

  1.5　公园历史沿革 ··· 007

  1.6　综合评价 ··· 008

第二章　自然地理环境 ··· 010

  2.1　地质地貌 ··· 010

  2.2　土壤环境 ··· 010

  2.3　水环境 ··· 011

  2.4　空气及气候环境 ··· 014

第三章　野生植物资源 ··· 028

  3.1　调查方法 ··· 028

  3.2　调查结果及分析 ··· 030

  3.3　评价 ··· 041

第四章　野生动物资源 ··· 042

  引言 ··· 042

  4.1　鱼类 ··· 043

  4.2　两栖类 ··· 048

  4.3　爬行类 ··· 053

  4.4　鸟类资源 ··· 058

  4.5　兽类 ··· 074

  4.6　野生动物资源评价 ··· 077

  4.7　野生动物保护建议 ··· 080

第五章　旅游资源 ·· 082

　　5.1　旅游资源调查 ··· 082

　　5.2　旅游资源分级 ··· 090

　　5.3　玉带河国家湿地公园旅游资源开发建议 ························· 090

第六章　生态系统服务价值评估 ·· 093

　　6.1　研究方法 ··· 093

　　6.2　生态系统服务功能价值核算 ····································· 100

　　6.3　结论 ··· 101

参考文献 ··· 102

附录Ⅰ　湖南通道玉带河国家湿地公园维管植物名录 ······················· 106

附录Ⅱ　湖南通道玉带河国家湿地公园鱼类名录 ··························· 140

附录Ⅲ　湖南通道玉带河国家湿地公园两栖动物名录 ······················· 143

附录Ⅳ　湖南通道玉带河国家湿地公园爬行动物名录 ······················· 145

附录Ⅴ　湖南通道玉带河国家湿地公园鸟类名录 ··························· 148

附录Ⅵ　湖南通道玉带河国家湿地公园兽类名录 ··························· 160

第一章　总论

1.1　公园范围及功能区划

1.1.1　地理位置与公园范围

湖南通道玉带河国家湿地公园（以下简称玉带河湿地公园）位于湖南省西南边陲的通道侗族自治县中部，由万佛山镇官团村瑶坪组经菁芜洲镇、县溪镇江口村的大鱼潭与靖州交界处及县溪镇犁头嘴至晒口水库与靖州交界处的水域、河洲漫滩及周边部分山地等组成。玉带河（湿地公园东部）紧邻万佛山——侗寨国家级风景名胜区，在县溪镇恭城村汇入渠水；规划区内的渠水南接玉带河，最北端至通道侗族自治县与靖州县交界处（湖南靖州五龙潭国家湿地公园）（图1-1）。湿地公园地理坐标介于东经109°32′12″～109°49′5″，北纬26°12′59″～26°22′33″之间，南北长17.8 km，东西宽28.0 km，湿地公园范围涵盖万佛山镇、菁芜洲镇、地连国有林场、县溪镇、播阳镇5个乡镇（场）18个行政村，湿地公园总面积1503.8 hm²。

1.1.2　土地利用与权属

玉带河湿地公园总面积1503.8 hm²，湿地面积984.5 hm²（包括河流水面、水库水面、内陆滩涂等），湿地率65.46%；湿地公园土地利用方式包括：有林地、公路用地、水工建筑用地、机关团体用地、空闲地，土地权属主体明确，无权属争议。

1.1.3　湿地类型、面积与分布

参照《全国湿地资源调查技术规程（试行）》的分类系统，根据湖南省第二次湿地资源调查结果，将玉带河湿地公园内湿地分为河流湿地和人工湿地两大湿地类，永久性河流、洪泛平原湿地和库塘三大湿地型。

（1）河流湿地

河流湿地主要包括永久性河流和洪泛平原湿地两个湿地型。

①永久性河流：主要是指玉带河、渠水通道县河段、四乡河（图1-2）。

②洪泛平原湿地：主要是指玉带河、渠水泛滥地、河心洲、河滩、河谷。

（2）人工湿地

库塘（以蓄水、发电、农业灌溉、城乡景观、农村生活为主要目的而建造的，面积不小于8 hm²的蓄水区）：主要指湿地公园内的晒口水库（图1-3）。

玉带河湿地公园总面积1503.8 hm²，湿地面积984.5 hm²，湿地率为65.46%。其中，河流湿地面积为538.8 hm²，占湿地总面积的54.73%，占公园总面积的35.83%；洪泛平原湿地面积为134.0 hm²，占湿地总面积的13.61%，占公园总面积的8.91%；人工湿地面积为311.7 hm²，占湿地总面积的31.66%，占公园总面积的20.72%。

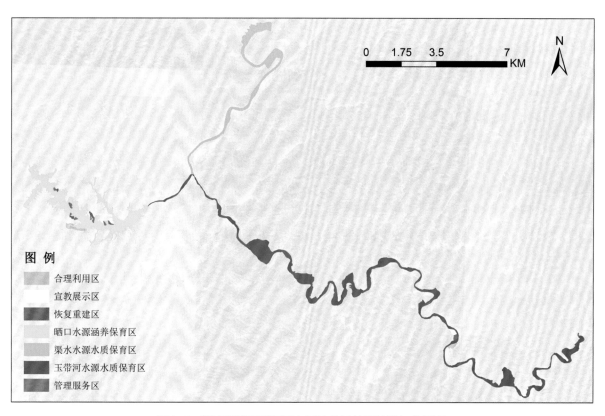

图1-1　湖南通道玉带河国家湿地公园地理位置与范围图

图1-2　湖南通道玉带河国家湿地公园河流湿地景观

图1-3　湖南通道玉带河国家湿地公园人工湿地——晒口水库

1.2　自然环境概况

　　玉带河湿地公园所在的通道侗族自治县境内以南部的八斗坡为长江与珠江流域的分水岭。八斗坡以北的广大地区，属长江流域，占全县总面积93.8%；八斗坡以南属珠江流域，面积占6.2%。全县地貌的大体轮廓是：分水岭以北，东、南、西三面较高，北部隆起，中部凹陷，地势向中、向西北倾斜，山地夹丘陵、谷地，且具有明显的带状分布规律；分水岭以南，地势由北向南急剧下降，地表切割深，地势起伏大，山高谷深，形成独特的山地地貌景观。

　　通道侗族自治县地形以平原、丘陵、山地为主。平原、丘陵、山地的面积分别占全县总面积的5.04%、17.29%和77.67%。烂泥界主峰海拔1620 m，为县内海拔最高点。

　　玉带河湿地公园的地貌主要以河流、库塘和山地为主，海拔150~470 m。土壤为河湖冲积物发育而成的水稻土和潮土及部分红壤土，土壤容重小，深厚肥沃，有机质含量高，适宜多种植物生长。玉带河原名通道河，因鸟瞰若玉带状而更名，发源于城步县八十里南山（大茅坪），高程1730 m，在县溪镇以南1 km处的犁头嘴注入渠水，全长125 km，总落差477 m，总流域面积1584 km²。万佛山镇以上河段又名长坪水。临口、下乡河段又称临口河。在菁芜洲镇河段历史上称芙蓉江，有支流羊须河和金殿河汇入。该河为全县的农业灌溉及生活用水提供水资源。玉带河属渠水上游，后经靖州、会同、洪江等县市，注入沅江，属长江水系，流域面积占全县总面积93.8%。玉带河湿地公园内的晒口水库位于通道侗族自治县境内四乡河下游，距下游县溪镇4 km。水库总库容1.34亿m³，汛限水位358 m，死水位344 m，调节库容0.908亿m³，属于年调节水库，是全国733座防洪重点中型水库，湖南省73座防洪重点水库之一。玉带河湿地公园范围内的玉龙潭段、晒口水库段和坪朝段的水质已达到了《地表水环境质量标准》GB 3838—2002 Ⅱ类，大部分水质监测指标均未超标，相对于湿地公园批建时的Ⅲ类水质明显改善。

　　通道侗族自治县属亚热带季风湿润性气候区。夏无酷暑，冬少严寒。气温年差较小，日差较大。春温回升迟，秋温降得早。雨量季节分布不均，春夏雨多，秋冬雨少。雨日雾日多，相对湿度大。日照偏少，季节分布亦不均。立体气候明显，小气候（地域性）差异大。根据2016~2019年通道县气象局统计数据显示，玉带河湿地公园境内年平均气温17.4℃，年均降水总量1723.9 mm，年均日最大降水量139.4 mm，年均日照时数1259.8 h，年平均相对湿度85%，年均无霜期313 d，境内的初霜日为11月上旬，终霜出现在3月下旬。

1.3 自然资源概况

1.3.1 野生植物资源

截至2021年2月底，调查人员共记录玉带河湿地公园范围维管束植物171科、572属、911种（含种下等级，下同）。其中蕨类植物15科、21属、24种，分别占湿地公园植物科、属、种的8.77%、3.67%、2.63%；裸子植物6科、11属、12种，分别占湿地公园植物科、属、种的3.51%、1.92%、1.32%；被子植物150科、540属、875种，分别占湿地公园植物科、属、种的87.72%、94.41%、96.05%；被子植物中的双子叶植物126科、421属、692种，单子叶植物24科、119属、183种（见附录1 湖南通道玉带河国家湿地公园植物名录）。

经统计分析，玉带河湿地公园及周边区域的911种植物中，木本植物387种，占总数的42.48%，草本植物524种，占总数的57.52%，草本较木本占比多；较典型的湿地植物有284种，其中挺水植物16种，沉水植物10种，浮水植物8种（包括蕨类植物中的满江红、槐叶萍）。除去栽培种和外来入侵植物（或逸生植物），玉带河公园共有土著维管植物163科、517属、819种。由此可看出，玉带河湿地公园的植物多样性程度高，湿地植物种类丰富。

国家保护植物系指国家明文规定的保护种类，即1999年8月4日国务院公布的《国家重点保护野生植物名录》（第一批）；本区国家重点保护野生植物二级6种；无国家一级重点保护野生植物，如表1-1所示。

表1-1 湖南通道玉带河国家湿地公园国家重点保护野生植物统计表

植物名称	科 名	保护级别	备 注
樟树 Cinnamomum camphora	樟 科	Ⅱ	伴人植物，资源较多
闽楠 Phoebe bournei	樟 科	Ⅱ	有古树分布
中华结缕草 Zoysia sinica	禾本科	Ⅱ	广布种，资源多
花榈木 Ormosia henryi	蝶形花科	Ⅱ	资源较少，为幼树
野大豆 Glycine soja	蝶形花科	Ⅱ	广布种，资源多
金荞麦 Fagopyrum dibotrys	蓼 科	Ⅱ	广布种，资源多

1.3.2 野生动物资源

截至2021年2月底，玉带河湿地公园现已记录野生动物325种，其中鱼类52种，隶属4目11科；两栖动物22种，隶属1目7科；爬行动物34种，隶属2目6科；鸟类188种，隶属17目57科；兽类29种，隶属于6目16科。较2015年调查结果，现已新增玉带河湿地公园野生动物新纪录99种，其中鱼类新增11种，两栖动物新增5种，爬行动物新增15种，鸟类新增65种，兽类新增3种。

玉带河湿地公园现已记录的325种脊椎野生动物中，有42种脊椎野生动物属国家重点保护野生动物的（表1-2），占公园野生动物总物种数的12.92%。其中，国家一级重点保护野生动物3种，即小灵猫（*Viverricula indica*）、白颈长尾雉（*Syrmaticus ellioti*）和中华秋沙鸭（*Mergus squamatus*）；国家二级重点保护野生动物39种，如虎纹蛙（*Hoplobatrachus chinensis*）、白鹇（*Lophura nycthemera*）、红腹锦鸡（*Chrysolophus pictus*）、鸳鸯（*Aix galericulata*）、小天鹅（*Cygnus columbianus*）、棉凫（*Nettapus coromandelianus*）、褐翅鸦鹃（*Centropus sinensis*）、灰鹤（*Grus grus*）、黑翅鸢（*Elanus caeruleus*）、蛇雕（*Spilornis cheela*）、林雕（*Ictinaetus malaiensis*）、黑冠鹃隼（*Aviceda leuphotes*）、褐冠鹃隼（*Aviceda jerdoni*）、黑鸢（*Milvus migrans*）、白尾鹞（*Circus cyaneus*）、日本松雀鹰（*Accipiter gularis*）、松雀鹰（*Accipiter virgatus*）、雀鹰（*Accipiter nisus*）、灰脸鵟鹰（*Butastur indicus*）、普通鵟（*Buteo japonicus*）、领角鸮（*Otus lettia*）、红角鸮（*Otus sunia*）、褐林鸮（*Strix leptogrammica*）、领鸺鹠（*Glaucidium brodiei*）、斑头鸺鹠（*Glaucidium cuculoides*）、草鸮（*Tyto longimembris*）、蓝喉蜂虎（*Merops viridis*）、白胸翡翠（*Halcyon smyrnensis*）、红隼（*Falco tinnunculus*）、红脚隼（*Falco amurensis*）、燕隼（*Falco subbuteo*）、灰背隼（*Falco columbarius*）、红胁绣眼鸟（*Zosterops erythropleurus*）、画眉（*Garrulax canorus*）、红嘴相思鸟（*Leiothrix lutea*）、白喉林鹟（*Cyornis brunneatus*）、斑林狸（*Prionodon pardicolor*）、豹猫（*Prionailurus bengalensis*）和毛冠鹿（*Elaophodus cephalophus*）。

表1-2　湖南通道玉带河国家湿地公园野生脊椎动物资源概况表

分类地位				保护级别															
									IUCN				RLCV				CITES		
纲	目	科	种	I	II	三	湘	特	CR	EN	VU	NT	CR	EN	VU	NT	i	ii	iii
鱼 纲	4	11	52	0	0	0	2	18	0	0	0	1	0	0	0	2	0	0	0
两栖纲	1	7	22	0	1	20	18	6	0	1	1	1	0	1	2	2	0	0	0
爬行纲	2	6	34	0	0	34	31	3	0	0	1	1	0	5	6	2	0	2	0
鸟 纲	17	57	188	2	35	127	89	5	0	1	2	1	0	1	3	15	1	25	0
哺乳纲	6	16	29	1	3	15	22	1	0	0	0	0	0	0	5	5	1	1	4
合 计	30	97	325	3	39	196	162	33	0	2	4	5	0	7	16	26	2	28	4

注：保护级别："Ⅰ"代表国家一级重点保护野生动物，"Ⅱ"代表国家二级重点保护野生动物；"三"代表国家保护的有益的或者有重要经济、科学研究价值的陆生野生动物；"湘"代表湖南省地方重点保护野生动物；"特"代表中国特有种；"IUCN"代表《世界自然保护联盟濒危物种红色名录》，"RLCV"代表《中国脊椎动物红色名录》："CR"代表极危，"EN"代表濒危，"VU"代表易危，"NT"代表近危；"CITES"代表《濒危野生动植物种国际贸易公约》："ⅰ"代表被列入附录1的物种，"ⅱ"代表被列入附录2的物种，"ⅲ"代表被列入附录2的物种。

1.3.3　旅游资源

根据国家质量监督检验检疫总局颁布的《旅游资源分类、调查与评价》（GB/T 18972 — 2017）的要求对玉带河国家湿地公园旅游资源进行了实地调查、收集、统计和分类。结果表明湿地公园共有旅游资源单体26处，其中包括地文景观、水域风光、生物景观、天象与气候景观、建筑与设施旅游资源6个主类、12个亚类和18个基本类型。六大主类资源中，"F 建筑与设施"类的资源单体数量最多，为7个，占到全部资源数量的26.92%；其次是"C 生物景观"，为6个，占总风景资源的23.08%。

根据实地调查，按照我国《旅游资源分类、调查与评价》（GB/T 18972 — 2003）标准对湿地公园内现有的资源进行定量评价，统计景区内共有旅游资源26处，其旅游资源等级从高至低依次评价为：四级旅游资源单体4个，三级旅游资源单体3个，二级旅游资源单体12个，一级旅游资源单体7个。

1.4　社会经济概况

据统计，2019年，通道县地区生产总值534254万元，比上年增长8.2%。其中，第一产业增加值78534万元，增长3.4%；第二产业增加值152894万元，增长8.2%；第三产业增加值302826万元，增长9.3%。人均地区生产总值25088元，全县三次产业结构为14.7：28.6：56.7。第三产业比重比上年提高1百分点。2019年本级财政收入26504万元，比上年增长6.57%。2019年常住人口6.69万户，常住人口21.37万人，户籍人口6.74万户，户籍人口24.04万人。常住人口中：农村人口12.55万人，城镇人口8.82万人，城镇化率为41.27%。城乡居民收入稳定增长。2019年城乡居民可支配收入23324元，增长10%；农村居民人均可支配收入9052元，增长13.6%。

1.5　公园历史沿革

为贯彻落实《中共中央、国务院关于加快推进生态文明建设的意见》（中发[2015]12号）、国务院办公厅《关于加强湿地保护管理的通知》（国办发[2004]50号）、国家林业局《关于做好湿地公园发展建设工作的通知》（林护发[2005]118号）文件精神，实现"生态立县、旅游兴县、产业强县"的目标，更好地保护玉带河湿地生态系统，中共通道侗族自治县委、县人民政府适应新常态，从全县生态建设的大局出发，审时度势地做出了建设湖南通道玉带河国家湿地公园的决定。并于2015年12月国家林业局批准了《湖南通道玉带河国家湿地公园》试点建设，建设时间为5年。2020年从湿地公园建设大局出发，湖南通道玉带河国家湿地公园向国家林业和草原局申请推迟1年开展验收工作，至今已历经6年的建设历程。

根据通编发[2017]31号文件，通道县林业局成立了湖南通道玉带河国家湿地公园管理中心，单位属性为县属不定级别的副科级事业编制，在林业局为股级部门。满编10人，现在编人员10人。湿地公园建设期间，围绕国家湿地公园建设标准与验收要求，大力推进各项建设工作，期间各地各部门、专业领域的领导、专家、学者受邀或慕名前来湿地公园指导、交流和从事科研活动，为公园的建设建言献策，极大地推动了公园的建设进程。现对这些活动举例如下：

2018年6月24日，中南林业调查规划设计院国家湿地公园验收专家但新球研究员现场指导湿地公园建设与验收工作；

2018年10月28日，中南林业调查规划设计院国家湿地公园验收专家但新球研究员、湖南省湿地公园管理中心李婷婷、怀化市林业局四级调研员谭加庄、怀化市林业局野保科科长杨文煌来通道现场指导湿地公园建设与验收工作；

2018年12月16日，中科院上海辰山植物科学研究中心严岳鸿研究员来玉带河湿地公园考察；

2019年11月7日，国家林业和草原局驻贵阳专员办党组成员、二级巡视员钟黔春，南京大学博士生导师、教授、国家湿地科学技术委员会副主任安树青，南京大学常熟生态研究院副总工程师陈佳秋，省湿地管理中心副主任马志峰等6人对湖南通道玉带河国家湿地公园进行实地督导检查；

2019年12月30日，湖南通道玉带河国家湿地公园湿地知识培训会在湖南通道玉带河湿地自然学校4栋多功能厅举办，期间邀请了中南林业科技大学杨道德教授、喻勋林教授、王光军教授、张志强博士进行了湿地知识培训讲座。

1.6　综合评价

玉带河湿地公园范围由万佛山镇官团村瑶坪组经菁芜洲镇、县溪镇江口村的大鱼潭与靖州交界处及县溪镇犁头嘴至晒口水库与靖州交界处的水域、河洲漫滩及周边部分山地组成，湿地范围较广，流域面积较大，生境的异质性程度高，植物多样性程度高，湿地植物种类较多。公园范围及周边古树资源丰富，保护植物中以闽楠为特色。湿地生态环境保护较好，湿地植被覆盖率高，植被类型多样，有着优良的水热条件，植物生长繁茂。

玉带河湿地公园因其独特的自然地理环境与动物地理区系，公园及周边野生脊椎动物资源丰富，物种多样性水平较高，尤其是鸟类物种多样性水平高，野生鱼类资源量大。国家重点保护野生鸟类较多，相对于湖南省内同等类型的国家湿地公园，野生动物资源较为丰富，因此湿地公园野生动物资源保护价值较高。

玉带河湿地公园的生态系统服务总价值大，每年为724052.08万元，单位面积价值量每年约为481.48万元/hm^2。其中，社会人文价值每年为619791.10万元，生态过程价值和未来潜在价值每年则分别为90911.68万元和13359.3万元。

玉带河湿地公园旅游资源赋分价值总体比较高，优质旅游资源类型多样，区位优势明显，与周边旅游资源互补性较高，玉带河湿地公园在自身定位保护的基础上，可以适度发展生态旅游，使人与自然和谐相处，真正地将"绿水青山就是金山银山"落到实处，带动区域内经济的发展。

第二章　自然地理环境

2.1　地质地貌

玉带河湿地公园所在的通道侗族自治县境内以南部的八斗坡为长江与珠江流域的分水岭。八斗坡以北的广大地区，属长江流域，占全县总面积93.8%；八斗坡以南属珠江流域，面积占6.2%。全县地貌的大体轮廓是：分水岭以北，东、南、西三面较高，北部隆起，中部凹陷，地势向中、向西北倾斜，山地夹丘陵、谷地，且具有明显的带状分布规律；分水岭以南，地势由北向南急剧下降，地表切割深，地势起伏大，山高谷深，形成独特的山地地貌景观。

通道侗族自治县地形以平原、丘陵、山地为主。平原、丘陵、山地的面积分别占全县总面积的5.04%、17.29%和77.67%。烂泥界主峰海拔1620 m，为县内海拔最高点。玉带河湿地公园的地貌主要以河流、库塘和山地为主，海拔150~470 m。

2.2　土壤环境

通道侗族自治县境内成土母质主要有板页岩、石灰岩、砂岩与砂砾岩、第四季红土、河流冲积物，以板页岩风化物为主。土壤有6个土类，14个亚类，41个土属，100个土种，其中山地土种30个，水稻土种40个，菜园土种9个，旱地土种15个。红壤土、山地黄壤土、水稻土、黄棕壤土、菜园土、潮土6个土类分别占土地面积的85.9%、6.3%、5.9%、1.7%、0.12%、0.08%。

玉带河湿地公园土壤为河湖冲积物发育而成的水稻土和潮土及部分红壤土，土壤容重小，深厚肥沃，有机质含量高，适宜多种植物生长。

2.3 水环境

2.3.1 水系及流域

通道侗族自治县境内溪河密布，有集雨面积在 5 km² 以上的溪河 94 条，总长 1455.88 km，分属两大水系。从八斗坡向南，有平等河、普头河、恩科河（即六田河）、里溪河、洞雷河 5 条，经广西龙胜、三江等县注入浔江，汇入融江，属珠江水系，流域面积仅占全县总面积 6.2%。其余属渠水支流玉带河和洪洲河系的 87 条溪河，汇集于渠水，经靖州、会同、洪江等县市，注入沅江，属长江水系，流域面积占全县总面积 93.8%。

2.3.2 水域范围

湿地公园主要涉及玉带河、渠水通道县段、晒口水库，四乡河等。其主要水文情况如下：

①玉带河原名通道河，因鸟瞰若玉带状而更名。发源于城步县八十里南山（大茅坪），高程 1730 m，在县溪镇以南 1 km 处的犁头嘴注入渠水，全长 125 km，总落差 477 m，总流域面积 1584 km²。万佛山镇以上河段又名长坪水。临口、下乡河段又称临口河。在菁芜洲镇地段历史上称芙蓉江，有支流羊须河和金殿河汇入。该河为全县的农业灌溉及生活用水提供水资源。

②渠水，湖南省沅水一级支流，又名渠江，古称叙水。发源于贵州省黎平县地转坡，流经通道侗族自治县、靖州苗族侗族自治县、会同县、洪江市，于洪江市托口镇注入沅水，全长 215 km。

③晒口水库位于通道侗族自治县境内四乡河下游，距下游县溪镇 4 km。水库总库容 1.34 亿 m³，汛限水位 358 m，死水位 344 m，调节库容 0.908 亿 m³，属于年调节水库，是全国 733 座防洪重点中型水库，湖南省 73 座防洪重点水库之一。枢纽工程由大坝、坝后式厂房及五里冲副坝组成。拦河大坝由溢流闸坝、非泥流浆砌石重力式挡水坝组成。坝顶长 212 m，坝顶宽 10.5 m，最大底宽 39.3 m，最大坝高 49 m。晒口水库具有防洪、供水、航运及生态保护等综合效益，为下游的防洪抗旱发挥重要作用。

④四乡河发源于靖州县平茶乡，经藕团乡、新厂乡八亚入境。再经嘉镇村秀溪口注入播阳河。境内长 9.4 km，平均坡度 1.43‰，平均流量为 2.98 m³/秒。

2.3.3 水质

根据湖南湘健环保科技有限公司2018年2月、5月、8月、11月和2019年2月、5月、7月、10月对通道玉带河国家湿地公园的水质监测报告数据统计分析，表明公园范围内的玉龙潭段、晒口水库段和坪朝段的水质已达到了《地表水环境质量标准》GB 3838—2002 Ⅱ类，大部分监测指标均未超标（表2-1），相对于湿地公园批建时的Ⅲ类水质明显改善。

在玉带河湿地公园水质监测分析的20个项目指标中，铅、砷、汞、铬（六价）、氰化物、挥发酚、石油类、硫化物等8项指标在各河段各月份间的含量均十分稳定，其余12项指标各河段各月份间呈现出不同程度的季节性浮动变化（图2-1）。

表2-1　2018~2019年湖南通道玉带河国家湿地公园水质监测一览表

| 分析项目 | 玉龙潭段 | | 晒口水库段 | | 坪朝段 | | 标准 | 是否 |
	2018年	2019年	2018年	2019年	2018年	2019年	限值	达标
水温/℃	20.1	19.8	20.4	20.4	20.2	14.1	/	/
pH值/无量纲	7.75	7.78	7.75	7.76	7.55	7.58	6~9	√
溶解氧/（mg/L）	7.3	7.3	7.2	7.2	7.0	6.8	≥6	√
高锰酸盐指数/（mg/L）	1.2	1.1	1.2	1.2	1.3	1.2	≤4	√
化学需氧量/（mg/L）	7	6	7	7	8	7	≤15	√
氨氮/（mg/L）	0.134	0.122	0.098	0.093	0.123	0.115	≤0.5	√
总磷/（mg/L）	0.01	0.01	0.01	0.01	0.08	0.07	≤0.1	√
总氮/（mg/L）	2.57	0.96	0.41	0.39	1.08	1.05	/	/
铜/（mg/L）	0.00692	0.00668	0.00044	0.00037	0.00110	0.00099	≤1.0	√
锌/（mg/L）	0.00227	0.00209	0.00067	0.00067	0.00067	0.00067	≤1.0	√
铅/（mg/L）	00009	0.00009	0.00009	0.0009	0.00009	0.00009	≤0.01	√
镉/（mg/L）	0.00096	0.00087	0.00005	0.00005	0.0005	0.0005	≤0.005	√
氟化物/（mg/L）	0.05	0.05	0.05	0.05	0.06	0.05	≤1.0	√
砷/（mg/L）	0.0003	0.0003	0.0003	0.0003	0.0003	0.0003	≤0.005	√
汞/（mg/L）	0.00004	0.00004	0.00004	0.00004	0.00004	0.00004	≤0.00005	√
铬（六价）/（mg/L）	0.004	0.004	0.004	0.004	0.004	0.004	≤0.05	√
氰化物/（mg/L）	0.001	0.001	0.001	0.001	0.001	0.001	≤0.05	√
挥发酚/（mg/L）	0.0003	0.0003	0.0003	0.0003	0.0003	0.0003	≤0.002	√
石油类/（mg/L）	0.01	0.01	0.01	0.01	0.01	0.01	≤0.05	√
硫化物/（mg/L）	0.005	0.005	0.005	0.005	0.005	0.005	≤0.1	√

备注：标准限值来源为《地表水环境质量标准》GB 3838—2002 Ⅱ类。

从不同河段水质监测项目指标季节性差异对比分析，玉带河湿地公园水温的季节性差异不显著；在春季pH值从上游至下游依次呈下降趋势，夏季至初秋，中游高于上游和下游，暮秋至初冬，则上游和中游接近，明显高于下游；溶解氧在冬季和春季上游和中游接近，明显高于下游，夏季中游高于上游和下游，秋季上游明显高于下游和中游；高锰酸碱盐指数春、夏季下游明显高于中游和上游，秋、冬季中游略高于下游和上游；化学需氧量全年下游明显高于中游和上游；氨氮上游略高于下游，但明显高于中游；总磷下游明显高于上游和中游，上游和中游指标近似；总氮在盛夏至初秋，上游明显高于下游和中游，其他季节上游接近下游，二者略高于中游；铜、锌在上游明显高于中游和下游，中游和下游近似（图2-1）。综上表明，在玉带河湿地公园的上游总体水质优于中游和下游，尤其是春季和冬季这一规律最为明显。这与公园的地理水文及气候条件密切相关，春、冬季多以连绵细雨为主，上游和中游河段河水清澈、水质优良，夏季多降暴雨，河水翻滚浑浊，导致上游和中游水质与下游接近。

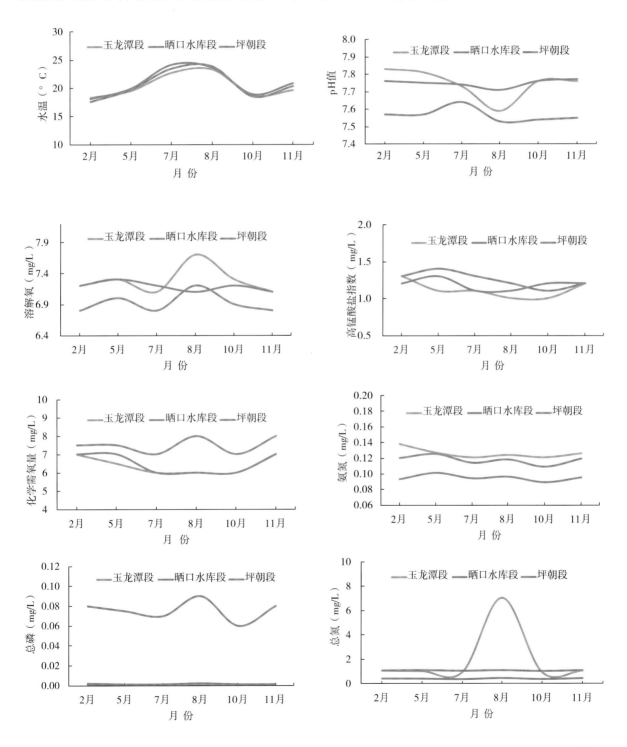

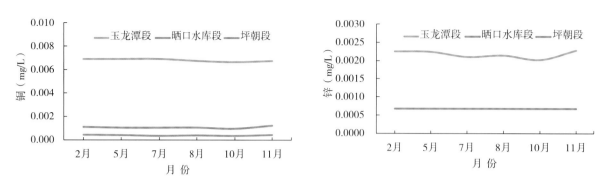

图2-1　湖南通道玉带河国家湿地公园不同河段部分水质监测项目指标季节性变化趋势图

2.4　空气及气候环境

2.4.1　气候特征

通道侗族自治县属亚热带季风湿润性气候区。夏无酷暑，冬少严寒。气温年差较小，日差较大。春温回升迟，秋温降得早。雨量季节分布不均，春夏雨多，秋冬雨少。雨日雾日多，相对湿度大。日照偏少，季节分布亦不均。立体气候明显，小气候（地域性）差异大。根据2016~2019年通道县气象局统计数据显示（表2-2），玉带河湿地公园境内年平均气温17.4℃，年均降水总量1723.9 mm，年均日最大降水量139.4 mm，年均日照时数1259.8 h，年平均相对湿度85%，年均无霜期313 d，境内的初霜日为11月上旬，终霜出现在3月下旬。

表2-2　2016~2019年湖南通道玉带河国家湿地公园气候特征统计表

年份	年平均气温/℃	全年无霜期/d	年降水总量/mm	日最大降水量/mm	降水天数/d	年平均湿度/%	日照时数/h
2016	17.6	302	1506.4	121.6	192	83	1350.3
2017	17.4	306	2023.5	176.8	191	85	1208.1
2018	17.5	328	1395.7	122.9	192	84	1358.2
2019	17.2	314	1970.0	136.4	213	86	1122.6

2.4.2　气温

根据2016~2019年通道县气象局统计数据显示，玉带河湿地公园境内月平均气温、月极端最高气温和月极端最低气温变化规律基本一致，近似正态变化趋势，其中月平均气温26.8℃，以7月份为最热月，月极端高温为36.9℃（2016年7月），以12月份为最冷月，但月极端低温为-4.7℃（2018年2月）。从各年度月平均气温变化趋势图（图2-2、图2-3）可见，1~2月份月平均气温呈现明显的逐年降低的趋势，4月、8月、11月份较为稳定，其余月份的波动未呈现明显的变化趋势；从各年度月极端最高气温变化趋势图（图2-4、图2-5）可见，2月、7月份月极端最高气温呈现明显的逐年降低的趋势，3月、9月份则呈现明显的逐年升高的趋势，其余月份的波动未呈现明显的变化趋势；从各年度月极端最低气温变化趋势图（图2-6、图2-7）可见，7月份月极端最低气温呈现略微的逐年降低的趋势，11月份则呈现明显的逐年升高的趋势，1月、6月、10月、12月份较为稳定，其余月份的波动未呈现明显的变化趋势。

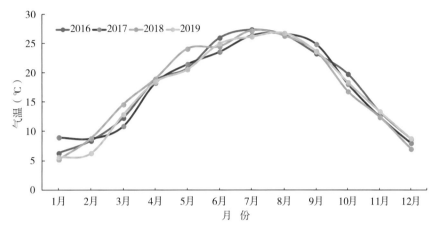

图2-2 2016~2019年湖南通道玉带河国家湿地公园每年月平均气温变化趋势图

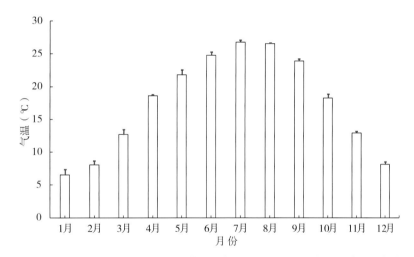

图2-3 2016~2019年湖南通道玉带河国家湿地公园月平均气温总体变化趋势图

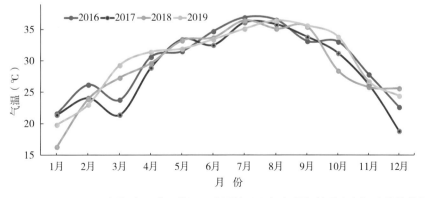

图2-4 2016~2019年湖南通道玉带河国家湿地公园每年月极端最高气温变化趋势图

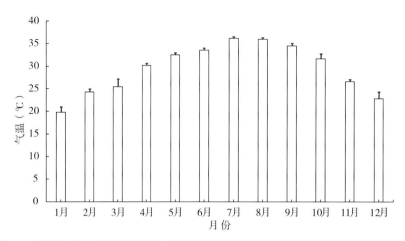

图2-5　2016~2019年湖南通道玉带河国家湿地公园月极端最高气温总体变化趋势图

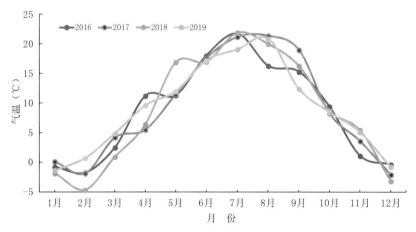

图2-6　2016~2019年湖南通道玉带河国家湿地公园每年月极端最低气温变化趋势图

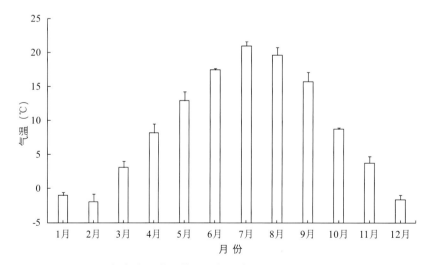

图2-7　2016~2019年湖南通道玉带河国家湿地公园月极端最低气温总体变化趋势图

2.4.3　降水

　　根据2016~2019年通道县气象局统计数据显示，通道玉带河国家湿地公园境内月均日照时数最大值出现在7月份，为203.6 h；最小值出现在1月份，为34.4 h（图2-8）。5月至10月日照时数为高值区，月均日照时数接近或超过100 h；而11月至第二年4月日照时数为低值区，月均日照时数低于80 h。

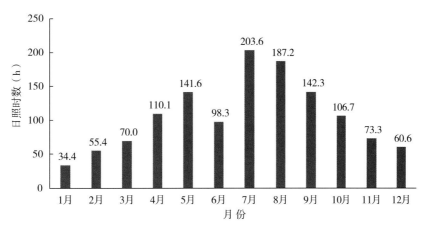

图2-8 2016~2019年湖南通道玉带河国家湿地公园月均日照时数变化趋势图

月均总降水总量最大值出现在6月份，为396.10 mm；最小值出现在12月份，为46.05 mm。从图2-9可见，降水高峰期主要出现在5~7月，月均降水总量超过200 mm，与春、夏季个别月份暴雨激增相关，如2017年7月份发生了一次较大洪水，年降雨量主要集中在6、7月，而且降雨量大，日降雨量达到162.3 mm，是8~11月4个月份的总和；2018年6月份发生了一次较大洪水，年降雨量主要集中在5、6月，日降雨量达到112.4 mm。然而，湿地公园范围冬季降雨量少，出现轻微的干旱情况。7月份、8月份的日照时数大，气温高，降雨相对较多，为生物的生长创造了有利的水热条件，对湿地公园内的植物生存、生长和繁殖起着至关重要的作用。

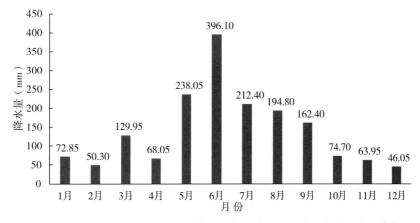

图2-9 2016~2019年湖南通道玉带河国家湿地公园月均降水总量变化趋势图

根据2016~2019年通道县气象局统计数据显示，通道玉带河国家湿地公园境内酸雨率为0，各月降水pH均值在5.91~6.04（表2-3），最大值出现在11月份，最小值出现在8月份。从图2-10分析表明，年际间各月同期降水pH均值间除2月和11月差异不显著外，其余月份均表现出明显的差异。

表2-3　2016~2019年湖南通道玉带河国家湿地公园各月降水pH均值统计表

年份	1月	2月	3月	4月	5月	6月	7月	8月	9月	10月	11月	12月
2016	5.96	5.98	5.89	5.96	5.87	5.87	5.89	5.93	6.02	5.94	6.02	5.88
2017	5.87	6.01	5.91	5.94	5.86	5.91	6.05	5.89	6.06	5.99	6.04	6.06
2018	6.03	6.04	5.89	6.07	5.94	6.06	5.97	6.02	5.92	6.08	6.05	5.99
2019	6.06	5.97	6.03	5.87	6.05	5.85	5.82	5.81	5.81	6.04	6.03	6.02
均值	5.98	6.00	5.93	5.96	5.93	5.92	5.93	5.91	5.95	6.01	6.04	5.99
SE（±）	0.042	0.016	0.034	0.041	0.044	0.047	0.050	0.044	0.056	0.030	0.006	0.039

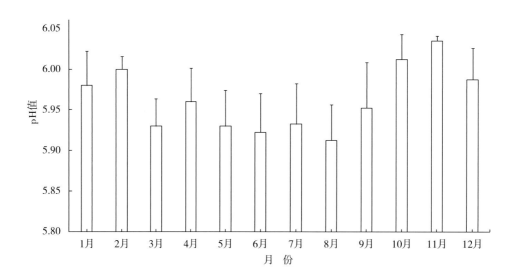

图2-10　2016~2019年湖南通道玉带河国家湿地公园各月降水pH均值变化趋势图

玉带河湿地公园境内各月降水中硫酸根离子（SO_4^{2-}）含量均值在4.98~5.29（表2-4），最大值出现在4月份，最小值出现在12月份。从图2-11分析表明，年际间各月同期降水中硫酸根离子（SO_4^{2-}）含量间除12月份差异明显外，其余月份差异均不显著。

表2-4　2016~2019年湖南通道玉带河国家湿地公园各月降水硫酸根离子（SO_4^{2-}）含量统计表

单位：mg/L

年 份	1月	2月	3月	4月	5月	6月	7月	8月	9月	10月	11月	12月
2016	5.32	5.26	5.24	5.30	5.22	5.19	5.17	5.25	5.26	5.23	5.25	4.30
2017	5.23	5.26	5.26	5.28	5.23	5.20	5.21	5.22	5.21	5.28	5.18	5.16
2018	5.22	5.25	5.25	5.49	5.36	5.28	5.24	5.22	5.22	5.22	5.23	5.23
2019	5.22	5.01	5.10	5.11	5.12	5.11	5.12	5.12	5.12	5.22	5.23	5.23
均 值	5.25	5.20	5.21	5.29	5.23	5.20	5.18	5.20	5.20	5.24	5.22	4.98
SE（±）	0.02	0.06	0.04	0.08	0.05	0.03	0.03	0.03	0.03	0.01	0.01	0.23

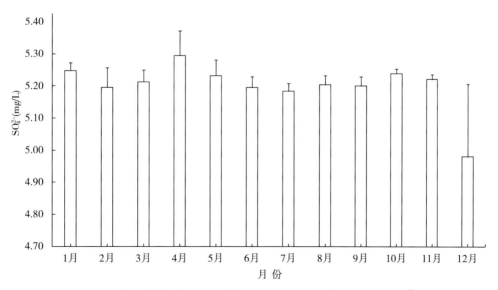

图2-11　2016~2019年湖南通道玉带河国家湿地公园各月降水硫酸根离子（SO_4^{2-}）含量变化趋势图

玉带河湿地公园境内各月降水中氨离子（NH_4^+）含量均值在0.761~0.822（表2-5），最大值出现在1月份，最小值出现在7月份。从图2-12分析表明，年际间各月同期降水中氨离子（NH_4^+）含量间除5~7月份差异不显著外，其余月份差异均较为明显。

表2-5　2016~2019年湖南通道玉带河国家湿地公园各月降水氨离子（NH_4^+）含量统计表

单位：mg/L

年份	1月	2月	3月	4月	5月	6月	7月	8月	9月	10月	11月	12月
2016	0.876	0.860	0.854	0.864	0.786	0.760	0.742	0.889	0.859	0.841	0.818	0.829
2017	0.865	0.760	0.762	0.760	0.768	0.760	0.762	0.760	0.762	0.766	0.764	0.752
2018	0.789	0.764	0.760	0.812	0.788	0.776	0.768	0.766	0.760	0.762	0.760	0.758
2019	0.756	0.784	0.774	0.786	0.782	0.776	0.772	0.770	0.776	0.764	0.758	0.759
均值	0.822	0.792	0.788	0.806	0.781	0.768	0.761	0.796	0.789	0.783	0.775	0.775
SE（±）	0.029	0.023	0.022	0.022	0.005	0.005	0.007	0.031	0.024	0.019	0.014	0.018

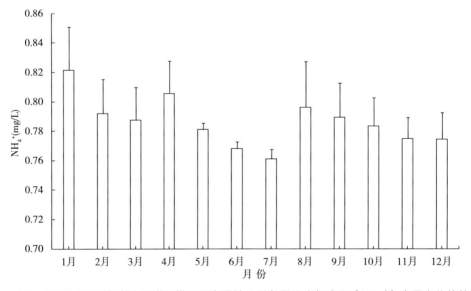

图2-12　2016~2019年湖南通道玉带河国家湿地公园各月降水氨离子（NH_4^+）含量变化趋势图

玉带河湿地公园境内各月降水中硝酸根离子（NO_3^-）含量均值在0.751~0.759（表2-6），最大值出现在1月份，最小值出现在7月份。从图2-13分析表明，年际间各月同期降水中硝酸根离子（NO_3^-）含量间除10~12月份差异不显著外，其余月份差异均较为明显。

表2-6　2016~2019年湖南通道玉带河国家湿地公园各月降水硝酸根离子（NO_3^-）含量统计表

单位：mg/L

年份	1月	2月	3月	4月	5月	6月	7月	8月	9月	10月	11月	12月
2016	0.769	0.755	0.759	0.760	0.767	0.764	0.771	0.761	0.758	0.763	0.763	0.759
2017	0.748	0.761	0.758	0.762	0.766	0.768	0.766	0.764	0.766	0.768	0.760	0.758
2018	0.760	0.758	0.756	0.711	0.710	0.722	0.742	0.760	0.764	0.768	0.766	0.762
2019	0.760	0.703	0.720	0.734	0.734	0.730	0.726	0.724	0.726	0.766	0.765	0.760
均值	0.759	0.744	0.748	0.742	0.744	0.746	0.751	0.752	0.754	0.766	0.764	0.760
SE（±）	0.004	0.014	0.009	0.012	0.014	0.012	0.011	0.009	0.009	0.001	0.001	0.001

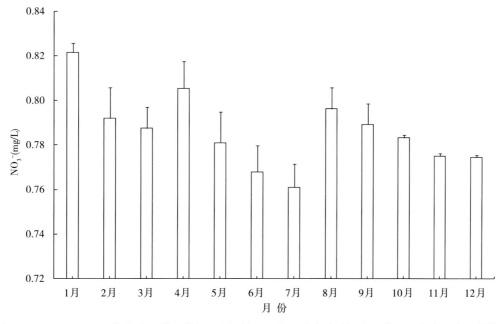

图2-13　2016~2019年湖南通道玉带河国家湿地公园各月降水硝酸根离子（NO_3^-）含量变化趋势图

2.4.4 空气质量

2016~2019年玉带河湿地公园按照《环境空气质量标准》（GB 3095—2012）监测了6个空气环境质量常规监测基本项目：二氧化硫（SO_2）、二氧化氮（NO_2）、一氧化碳（CO）、臭氧（O_3）、可吸入颗粒物（PM_{10}）、细颗粒物（$PM_{2.5}$）。统计分析显示，湿地公园各月二氧化硫（SO_2）均值在7~16（表2-7），最大值出现在12月份，最小值出现在2月和3月份。从图2-14分析表明，年际间各月同期二氧化硫（SO_2）均值间除4~8月和12月份差异显著外，其余月份均未表现出明显的差异。

表2-7　2016~2019年湖南通道玉带河国家湿地公园各月二氧化硫（SO_2）均值统计表

年份	1月	2月	3月	4月	5月	6月	7月	8月	9月	10月	11月	12月
2016	8	7	7	18	18	15	16	18	10	11	10	12
2017	11	10	12	12	4	4	5	5	9	13	13	21
2018	14	7	6	6	6	8	7	10	13	16	19	20
2019	12	4	4	6	10	8	8	11	11	10	12	10
均值	11	7	7	11	10	9	9	11	11	13	14	16
SE（±）	1.250	1.225	1.702	2.872	3.096	2.287	2.415	2.677	0.854	1.323	1.936	2.780

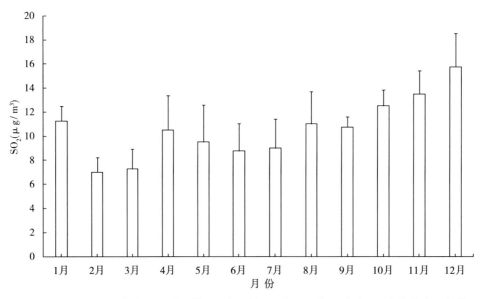

图2-14　2016~2019年湖南通道玉带河国家湿地公园各月二氧化硫（SO_2）均值变化趋势图

　　玉带河湿地公园各月二氧化氮（NO_2）均值在6~15（表2-8），最大值出现在1月和2月份，最小值出现在6~8月份。从图2-15分析表明，年际间各月间同期二氧化氮（NO_2）除1~4月差异显著外，其余月份均未表现出明显的差异。

表2-8　2016~2019年湖南通道玉带河国家湿地公园各月二氧化氮（NO_2）均值统计表

年份	1月	2月	3月	4月	5月	6月	7月	8月	9月	10月	11月	12月
2016	28	30	30	28	9	11	9	8	10	9	11	14
2017	14	13	11	9	7	4	6	4	9	11	12	11
2018	12	12	10	9	5	5	5	5	5	7	8	8
2019	7	4	5	4	5	4	5	6	8	8	9	14
均值	15	15	14	13	7	6	6	6	8	9	10	12
SE（±）	4.498	5.468	5.492	5.299	0.957	1.683	0.946	0.854	1.080	0.854	0.913	1.436

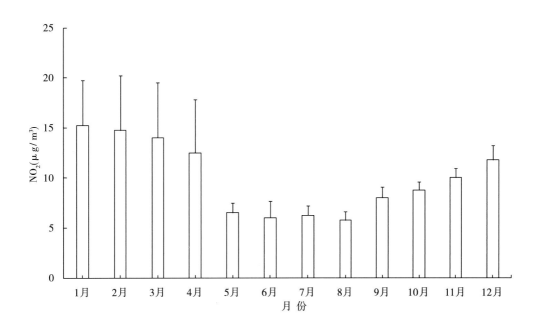

图2-15　2016~2019年湖南通道玉带河国家湿地公园各月空气中二氧化氮（NO_2）含量均值变化趋势图

玉带河湿地公园各月一氧化碳（CO）均值在0.9~1.2（表2-9），最大值出现在1月份，最小值出现在7月、10月和11月份。从图2-16分析表明，年际间各月间同期一氧化碳（CO）除6月差异显著外，其余月份均未表现出明显的差异。

表2-9　2016~2019年湖南通道玉带河国家湿地公园各月一氧化碳（CO）均值统计表

年份	1月	2月	3月	4月	5月	6月	7月	8月	9月	10月	11月	12月
2016	1.4	1.4	1.4	1.3	1.1	1	1.1	0.9	1.1	1	0.8	1
2017	1.1	0.9	0.9	0.9	0.8	0.8	0.8	1.1	1	1.2	1.1	1.1
2018	1	1	0.9	0.9	1.3	1.5	1.1	1.2	1.3	0.9	1	1.2
2019	1.3	0.8	0.8	0.8	0.8	0.7	0.6	0.6	0.8	0.6	0.6	0.6
均值	1.2	1.0	1.0	1.0	1.0	1.0	0.9	1.0	1.1	0.9	0.9	1.0
SE（±）	0.091	0.131	0.135	0.111	0.122	0.178	0.122	0.132	0.104	0.125	0.111	0.131

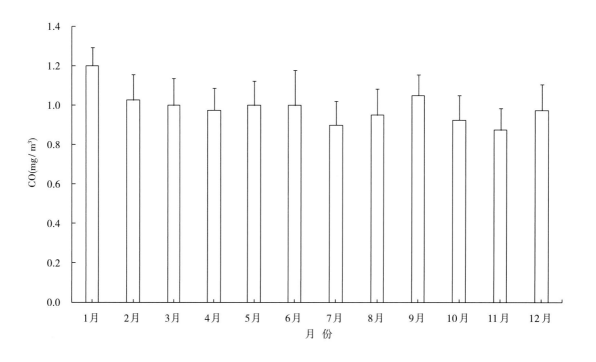

图2-16　2016~2019年湖南通道玉带河国家湿地公园各月空气中一氧化碳（CO）含量均值变化趋势图

　　玉带河湿地公园各月臭氧（O_3-8 h）均值在69~112（表2-10），最大值出现在9月份，最小值出现在1月份。从图2-17分析表明，年际间各月间同期臭氧（O_3-8 h）除6月差异显著外，其余月份均未表现出明显的差异。

表2-10　2016~2019年湖南通道玉带河国家湿地公园各月臭氧（O_3-8 h）均值统计表

年份	1月	2月	3月	4月	5月	6月	7月	8月	9月	10月	11月	12月
2016	62	70	70	64	82	85	80	91	125	100	67	79
2017	80	85	77	115	103	58	86	91	102	103	90	101
2018	74	100	103	97	109	119	98	109	108	109	89	62
2019	58	50	72	74	76	70	68	83	112	80	86	71
均值	69	76	81	88	93	83	83	94	112	98	83	78
SE（±）	5.123	10.680	7.643	11.478	7.984	13.210	6.245	5.500	4.871	6.285	5.401	8.340

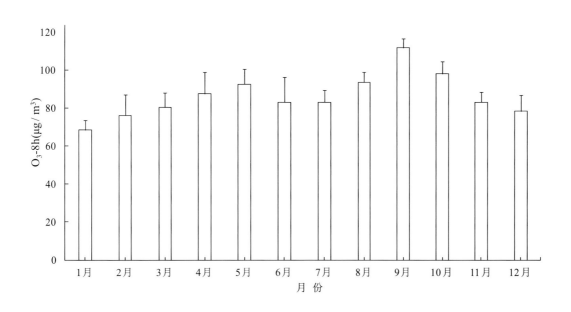

图2-17　2016~2019年湖南通道玉带河国家湿地公园各月空气中臭氧（O_3-8 h）含量均值变化趋势图

玉带河湿地公园各月可吸入颗粒物（PM_{10}）均值在31~76（表2-11），最大值出现在1月份，最小值出现在6月和7月份。从图2-18分析表明，年际间各月间同期可吸入颗粒物（PM_{10}）除12~3月差异显著外，其余月份均未表现出明显的差异。

表2-11　2016~2019年湖南通道玉带河国家湿地公园各月可吸入颗粒物（PM_{10}）均值统计表

年份	1月	2月	3月	4月	5月	6月	7月	8月	9月	10月	11月	12月
2016	96	106	149	88	60	45	46	60	74	62	76	115
2017	110	80	67	59	50	31	34	41	56	62	68	70
2018	48	62	42	55	37	26	23	27	39	37	34	35
2019	48	27	39	28	35	20	19	32	44	34	46	43
均值	76	69	74	58	46	31	31	40	53	49	56	66
SE（±）	16.132	16.590	25.695	12.278	5.867	5.331	6.062	7.269	7.782	7.674	9.695	18.043

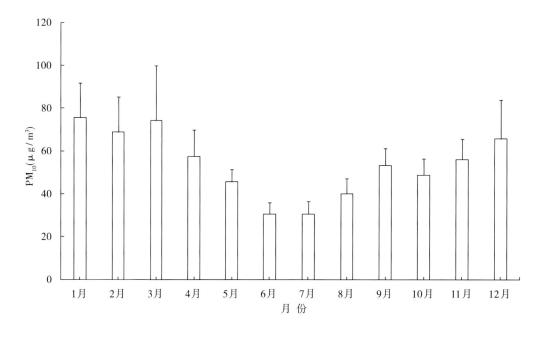

图2-18　2016~2019年湖南通道玉带河国家湿地公园各月空气中可吸入颗粒物（PM_{10}）含量均值变化趋势图

玉带河湿地公园各月细颗粒物（PM$_{2.5}$）均值在18~48（表2-12），最大值出现在1月份，最小值出现在7月份。从图2-19分析表明，年际间各月间同期细颗粒物（PM$_{2.5}$）除1~4月差异显著外，其余月份均未表现出明显的差异。

表2-12 2016~2019年湖南通道玉带河国家湿地公园各月细颗粒物（PM$_{2.5}$）均值统计表

年份	1月	2月	3月	4月	5月	6月	7月	8月	9月	10月	11月	12月
2016	65	72	103	64	40	27	26	34	48	34	28	47
2017	55	38	27	35	31	19	19	23	36	41	42	50
2018	36	42	29	30	22	18	14	19	29	26	24	25
2019	36	19	26	17	18	13	12	22	31	24	32	29
均值	48	43	46	37	28	19	18	25	36	31	32	38
SE（±）	7.223	10.965	18.927	9.921	4.905	2.898	3.119	3.279	4.262	3.902	3.862	6.290

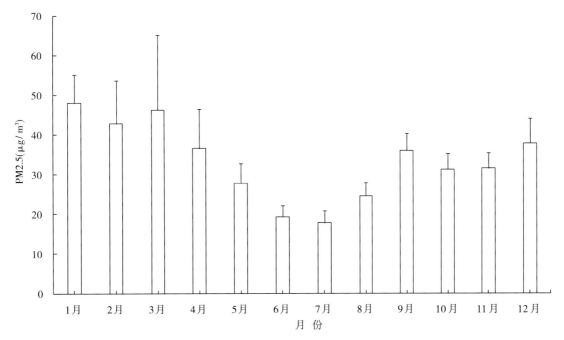

图2-19 2016~2019年湖南通道玉带河国家湿地公园各月空气中细颗粒物（PM$_{2.5}$）含量均值变化趋势图

第三章 野生植物资源

2015年在通道县首次规划、申报湖南通道玉带河国家湿地公园时，中南林业科技大学、湖南省农林工业勘察设计研究总院一起对当初划定的湿地公园范围进行了较为详细的植物资源调查。当时考虑到玉带河对周边区域野生植物的生长具有重要意义，因此在申报时将植物资源调查范围扩展至上游的万佛山丹霞地貌河谷两岸部分区域，在这一特殊生境内发现了一些有别于一般红壤区的植物资源，并将其纳入湿地公园及邻近区域植物名录，未来湿地公园的植物资源保护也将促进邻近区域植物资源的保护工作。

3.1 调查方法

3.1.1 调查方法与样地选择

调查组于2018年对玉带河湿地公园进行多次实地考察，并根据湿地公园的特点，植物多样性调查以线路调查结合样方调查和野外记名为主（湿地公园内多为低山丘陵区常见种和广布种），一些在野外不能鉴定到种的种类，采用多角度拍摄数码照片的方法，将有花果的种类，或无花果但分布稀有、性状特殊的种类拍摄照片并采集标本，然后把野外拍摄的植物照片和植物标本带到实验室，通过查阅相关文献进行准确鉴定。在线路调查的同时，如果有典型的植物群落，则进行植物群落的样方调查。

野外调查时，随身携带HOLUX M-241轨迹记录器（GPS）记录航迹，将数码相机的时间调整至卫星时间，内业工作时，将GPS记录的航迹数据（主要是坐标和经纬度）整合到每张数码照片的EXIF信息中，使每张植物照片都具有地理坐标信息，以方便植物种类的查找和植物资源监测。

3.1.1.1　样方法

根据湿地公园植被分布类型和面积，进行调查样地布设，其中乔木样方设置为20 m×20 m，灌丛样方5 m×5 m，草丛样方1 m×1 m，对于水生植物的调查主要采用样方法，样方面积均为1 m×1 m。

3.1.1.2　线路调查

对万佛山镇官团村沿玉带河经菁芜洲镇至县溪镇江口村渠水段及周边部分山地、水稻田、河洲漫滩和沿公园内晒口水库及周边第一层山脊线内山体、玉带河及与之相邻的四乡河沿岸进行调查。

3.1.1.3　调查对象

（1）河道两岸

调查重点是阔叶林。阔叶林中的重点是常绿阔叶林和落叶阔叶林，以及村边的古树群落。

（2）山坡

调查重点为湿地公园范围内水库或河流两侧山坡的乔木林、次生阔叶林、灌丛等有代表性的群落。

（3）洪泛淹没区

调查重点为草丛、灌木林和木质藤本群落，也包括湿地环境的乔木群落。

（4）边缘区

调查重点为地带性典型植物群落。

3.1.2　乔木群落样方调查记录

3.1.2.1　群落生境和群落描述

记录调查日期、样方编号、经纬度、海拔高度、样方面积、生境特点、干扰、群落类型、物种名称、株数、平均胸径、平均高度、物候期、保护级别等。

3.1.2.2　标准地调查时的灌层、草本层记录

记录植物的种类、平均高度、盖度、物候期、保护级别等。

3.1.3　灌木、草本群落样方调查记录

每个样地测定灌木及草本的种类、平均高度、盖度、物候期、保护级别等。盖度测定按Drude多度级分级：

Soc：极多，75%~100%；

Cop.3：很多，50%~75%；

Cop.2：多，25%~50%；

Cop.1：相对多，5%~25%；

Sp：稀疏，1%~5%；

Sol：稀少，＜1%；

Un：单株，不计。

3.2　调查结果及分析

3.2.1　植物多样性

根据调查整理，玉带河湿地公园及周边区域范围共记录维管束植物171科、572属、911种（含种下等级，下同）。其中蕨类植物15科、21属、24种，分别占湿地公园植物科、属、种的8.77%、3.67%、2.63%；裸子植物6科、11属、12种，分别占湿地公园植物科、属、种的3.51%、1.92%、1.32%；被子植物150科、540属、875种，分别占湿地公园植物科、属、种的87.72%、94.41%、96.05%；被子植物中的双子叶植物126科、421属、692种，单子叶植物24科、119属、183种（见附录1　湖南通道玉带河国家湿地公园植物名录）。

经统计分析，玉带河湿地公园及周边的911种植物中，木本植物387种，占总数的42.48%，草本植物524种，占总数的57.52%，草本较木本占比多；较典型的湿地植物有284种，其中挺水植物16种，沉水植物10种，浮水植物8种（包括蕨类植物中的满江红、槐叶萍）。除去栽培种和外来入侵植物（或逸生植物），玉带河公园共有土著维管植物163科、517属、819种。由此可看出，玉带河湿地公园的植物多样性程度高，湿地植物种类丰富。

3.2.2　植物种类特点

①湿地公园内草本植物有524种，包括了陆生和水生草本、蕨类和草质藤本，占公园植物总数的57.52%，草本较木本占比多，这是湿地生态环境中植物的特点之一。

②草本植物有季节性更替的规律，可以根据草本植物地上部分（茎、叶）的生存季节分为冬春类、春夏类、夏秋类三个类别的植物：

冬春类：此类主要是二年生草本，分冬前冬后两阶段，生长时间相对较长，从秋季持续到次年夏季。冬前营养生长为主，冬后开始开花结种子，夏季来临前，结束生命周期。如日本看麦娘、紫云英、稻槎菜、早熟禾、球序卷耳、诸葛菜、石龙芮、阿拉伯婆婆纳等。

春夏类：此类草本于春季发苗生长，夏季开花、结果后至盛夏地上部分枯萎。如小蓬草、夏枯草、风花菜、野燕麦、羊蹄、酸模等。

夏秋类：此类草本春、夏发苗，夏季为旺盛生长期，秋季开花。如狼尾草、狗尾草、翅果菊、小鱼仙草、薄荷和多种禾草类等。

③不同生态环境，植物种类不同。湿地公园内有水域地（河流、水库）、田土湿润地、道路和山地，形成了由水域到旱地的植物梯度变化特点。玉带河湿地公园环境的梯度变化，形成该区域内不同生态型的植物。

3.2.3　植物区系分析

因栽培植物不能代表某一地区（区域）内植物区系的本质特征，故在植物区系分析中，一般不作考虑。另外，湿地公园内蕨类植物多数种类均为世界广泛分布种，在区系分析中意义不大。除去栽培植物、外来入侵植物（或逸生植物）和蕨类植物，湿地公园野生种子植物共149科、498属、795种。

3.2.3.1　科的大小及分析

通过统计分析玉带河湿地公园149科野生种子植物，得出其科的大小情况如表3-1所示。

表3-1　玉带河国家湿地公园种子植物科内种数量结构分析表

级别	科数	占总科数/%	种数	占总种数/%
大型科（≥20种）	9	6.04	289	36.35
中等科（10~19种）	13	8.72	168	21.13
小型科（5~9种）	22	14.77	137	17.23
寡种科（2~4种）	56	37.58	152	19.12
单种科（1种）	49	32.89	49	6.16
总计	149	100	795	100

从表3-1可以看出，湿地公园含20种以上的大型科仅9科，即禾本科、菊科、蔷薇科、蝶形花科、大戟科、蓼科、唇形科、百合科、茜草科，均为世界广布科，仅占总科数的6.04%，但种数却达到了289种，占总种数的36.35%，由此可见，这些科是该地区的优势科，它们构成了湿地公园植物区系的主体。禾本科、菊科、蓼科、唇形科是该区域湿地植物的主要组成成分，说明它们在本区植物区系中起非常重要的作用。

含10~19种的中等科有13科，占总科数的8.72%，共168种，占总种数的21.13%。其中，毛茛科、莎草科、玄参科、伞形科是该区域湿地植物的重要组成成分；壳斗科、樟科是湿地范围内山坡森林乔木层最主要的组成成分。

含5~9种的小型科有22科，占总科数的14.77%，共137种，占总种数17.23%。其中，十字花科、报春花科等是该区湿地植物的重要组成成分。

含2~4种的寡种科有56科，占总科数的37.58%，共152种，占总种数的19.12%。其中，杨柳科、楝科等植物为湿地乔木层的主要组成成分，其他科的植物多为林下灌木或次生灌丛及草本，也有些是湿地环境中的优势种。

含1个种的单种科有49科，占总科数的32.89%，总种数的6.16%。

3.2.3.2　科的分布区类型

根据吴征镒关于《世界种子植物分布区类型》的划分，将玉带河湿地公园野生种子植物149科可划分为10个分布区类型（见表3-2）。根据区系的性质可将其归为世界广布、热带分布、温带分布和中国特有分布种4大类型。

从表3-2中可以看出，玉带河湿地公园植物科的分布型主要是世界广布型和泛热带分布型，其次是北温带分布型，其他类型的科都较少。其中世界分布型（第1型）有51科，这些科大多为草本植物为主，普遍分布于湿地公园的各种生境。世界广布科在一个地区的植物区系上特色不明显，但丰富了该地植物种类，在统计各分布区类型时，一般将此数据除去再进行统计。热带分布（第2~7型）有66科，占除去世界广布科数的67.35%，说明湿地公园植物科以热带性分布型为主，其中以泛热带分布占绝对优势，有50科，占除去世界广布科数51.02%。温带分布（第8~14型）32科，占除去世界广布科数的32.65%，其中以北温带分布为优势，有26科，占总科数的26.53%。

因此，从科一级范围来说，该区域以热带性科为主，温带性科约为热带性科的一半，这与该区域所处地理位置（中亚热带南部）是相符的。

表3-2　玉带河国家湿地公园种子植物科、属分布区类型统计表

	分布类型	科数	占总科数/%	属数	占总属数/%
世界广布	1.世界广布	51	/	54	/
热带分布	2.泛热带分布	50	51.02	100	22.52
	3.热带亚洲和热带美间断	7	7.14	13	2.93
	4.旧世界热带	3	3.06	33	7.43
	5.热带亚洲至热带大洋洲	2	2.04	27	6.08
	6.热带亚洲至热带非洲	2	2.04	8	1.80
	7.热带亚洲（印度—马来）	2	2.04	47	10.59

分布类型	科 数	占总科数/%	属 数	占总属数/%
8.北温带	26	26.53	82	18.47
9.东亚及北美间断	5	5.10	35	7.88
10.旧世界温带	0	0	29	6.53
11.温带亚洲	0	0	5	1.13
12.地中海区、西亚至中亚及变型	0	0	2	0.45
13.中亚分布	0	0	0	0
14.东亚	1	1.02	54	12.16
15.中国特有	0	0	9	2.03
合计	149	100	498	100

注：世界广布科属未参与百分比计算。

3.2.3.3　属的分布区类型

根据吴征镒对于中国种子植物属的分布区类型的划分，玉带河湿地公园野生种子植物498属，可以划分为14个分布区类型（见表3-2），并可将其归为世界分布（第1类型）、热带分布（第2~7类型）、温带分布（第8~14类型）和中国特有分布（第15类型）4大类型。

从表3-2中可以看出，玉带河湿地公园植物属的分布型主要是泛热带分布型（100属），其次是北温带分布型（82属）、世界广布型（54属）、东亚分布型（54属），其他分布型相对较少。玉带河湿地公园的热带分布型共有228属，温带分布型共有207属，热带属和温带属所占比例大致相等，表明玉带河湿地公园正处在中亚热带与南亚热带交汇的地带。

3.2.4　国家重点保护植物

国家保护植物系指国家明文规定的保护种类，即1999年8月4日国务院公布的《国家重点保护野生植物名录》（第一批）；本区国家重点保护野生植物二级6种（表1-1）；无国家一级重点保护野生植物。

3.2.5　古树资源

古树是长期自然选择和人为活动影响下存留下来的"历史沉淀"，它们是历史的见证者和书写者，领略了植被和环境的岁月变迁，具有丰富的历史内涵和人文气息，它们的存在能为湿地公园的植物恢复提供重要实物指示。古树经过漫长的日积月累，其树体通常伟岸挺拔，树冠开展，有的孤树独秀，而有的结伴生长构成古树林，十分珍贵。

据调查，玉带河湿地公园范围内的古树多为零星伴人生长，少有成群。因湿地公园周围村庄的存在，得以将这些古树保存完好。在万佛山镇、菁芜洲镇和县溪镇均有古树分布，主要有枫香、樟树、朴树、乌桕、皂荚、女贞、银杏、闽楠等树种，树龄均在百年以上。其中位于菁芜洲镇江口村闽楠的古树资源尤为难得，是湖南省内有名的古楠木资源。

3.2.6　外来入侵植物

外来植物是指在一个特定地域的生态系统中，不是本地自然发生和进化而来，而是后来通过不同的途径从其他地区传播过来的植物。外来植物如果能够在自然状态下获得生长和繁殖，就构成了外来植物的入侵。湿地由于自身的生境较为简单而且容易受人为干扰，使其更容易被外来植物入侵。因外来入侵植物具有生态适应能力强、繁殖能力强、传播能力强等特点，所以必须严格监控，防止对湿地公园的生态及景观造成影响。

经调查统计，玉带河湿地公园共有外来入侵植物20种，多数为零星散生或小斑块状集中分布，如土荆芥、凹头苋、三裂叶薯、阿拉伯婆婆纳、喜旱莲子草、小蓬草等，在该区内广泛分布，但无大量集群生长情况，目前没有对本地植物造成威胁，这一类植物如不发生爆发性生长并不会对湿地系统造成破坏。

由鉴于此，玉带河湿地公园管理部门经过近几年对外来入侵植物的大力清理，已成功杜绝了以往湿地公园周边农户在每年8月份放水晒田导致生长在农田里的凤眼蓝（水葫芦）进入河道，以致水葫芦爆发性生长的状况。

3.2.7　湿地公园新资料

本次对玉带河湿地公园的植物监测涵盖了湿地公园范围内的蕨类植物和种子植物，由于湿地公园申报时并未开展蕨类植物的调查，所以此次植物调查成果新增蕨类植物24种，隶属于15科21属，同时种子植物在申报资料的基础上新增55种，隶属于31科48属。值得关注的是此次新增的一些水生植物，如石龙尾、中华石龙尾、黄花狸藻、龙舌草、冠果草、纤细茨藻、小茨藻等，其中中华石龙尾为湖南省新纪录种，冠果草在湖南多年未曾再次发现，这一类植物对水生环境的要求较高，说明了湿地公园在湿地生态环境的保护上发挥了重要的作用。

3.2.7.1　湖南省新纪录种——中华石龙尾 *Limnophila chinensis*（Osb.）Merr.

中华石龙尾是玄参科石龙尾属草本植物，高 5~50 cm；茎简单或自基部分枝，下部匍匐而节上生根，与花梗及萼同被多细胞长柔毛至近于无毛。叶对生或 3~4 枚轮生，无柄，长 5~53 mm，宽 2~15 mm，卵状披针形至条状披针形，稀为匙形，多少抱茎，边缘具锯齿；脉羽状，不明显；上面近于无毛至疏被多细胞柔毛，下面脉上被多细胞长柔毛。花具长 3~15 mm 之梗，单生叶腋或排列成顶生的圆锥花序；小苞片长约 2 mm；萼长 5~7 mm，在果实成熟时具凸起的条纹；花冠紫红色、蓝色，稀为白色，长 10~15 mm。蒴果宽椭圆形，两侧扁，长约 5 mm，浅褐色。花果期 10 月至次年 5 月。

中华石龙尾生于水旁和田间湿地，此次于玉带河湿地公园调查时发现，其生长地位于通道县县溪镇江口村附近一荒弃的水田边（图 3-1）。原分布于广东、广西、云南和海南四省和自治区，为湖南省首次纪录种。石龙尾属植物在湖南记录有 3 种，该新纪录种叶全为气生叶，具羽状脉，无柄，花萼在果实成熟时具多数凸起的条纹等形态特征，易与湖南产其他种区分。

图 3-1　中华石龙尾 *Limnophila chinensis*（Osb.）Merr.

3.2.7.2　冠果草的发现

此次在玉带河重新发现冠果草（*Sagittaria guyanensis* subsp.*lappula*），意义重大！

冠果草是泽泻科慈姑属的多年生水生浮叶草本，生于水塘、湖泊浅水区及沼泽、水田、沟渠等水域，主要分布于我国长江以南地区。通过中国数字植物标本馆查询，全国共采到 14 号标本，采集最早的是 1935 年在海南保亭，最晚一次标本于 2009 年采自广西。而采集地为湖南的共 1 个采集号、5 份标本，标本为李泽棠于 1954 年采自洞口，在湖南范围内对于冠果草的发现有长达 60 多年的空白期，近 20 多年来，中南林业科技大学等单位，一直在湖南各地寻找以冠果草为代表的浅水沼泽植物，未能发现冠果草。此次在湖南通道玉带河国家湿地公园重新发现冠果草，意义重大。

冠果草对生存环境要求十分苛刻，要求水质无污染，水位恒定的浅水，不耐人为干扰，不能有家禽、家畜干扰，也不能有食草性鱼类啃食。能满足冠果草等浅水沼泽生长、环境非常稳定的水生环境，现在已很难找到，因此其虽然在长江以南地区均有分布，但却鲜少被发现。泽泻科的其他种类，与冠果草相似，已处于极度濒危状态，如长喙毛茛泽泻（*Ranalisma rostratum*），中国仅浙江、江西、湖南有采集记录，浙江、江西居群因生境破坏，已不复存在，目前仅湖南茶陵县湖里湿地仍有极少植株；宽叶泽苔草（*Caldesia grandis*）上世纪90年代的调查，全国只湖南莽山有活植株，经过近十多年的仔细寻找，相继在湖南蓝山、临武、桂东3县的山地沼泽湿地中被发现，近年云南腾冲市也有发现；该科的泽苔草（*Caldesia parnassifolia*）、窄叶泽泻（*Alisma canaliculatum*）、东方泽泻（*Alisma orientale*）等种类，在全国范围内，都已是极度濒危。

此次冠果草的发现地位于通道县县溪镇江口村附近一水田开挖的水凼中，可能会当作养鱼池，但暂时未养鱼，远离村庄，无任何干扰，因而为冠果草的生长，创造了条件（图3-2）。与之一起生长的还有龙舌草、小茨藻、纤细小茨藻、石龙尾、中华石龙尾、鸭舌草、野慈姑等水生植物，水生植物物种丰富，水质较好，且此处鲜少有人活动，所以使得这一水生环境保存完好。

图3-2 冠果草（*Sagittaria guyanensis* subsp.*lappula*）

3.2.8 植被类型及特点

3.2.8.1 主要植被类型

据调查、统计、分析，玉带河湿地公园有植物群系共有5个植被型组、12个植被型、50个群系（表3-3）。其中水生植物的类型丰富。这50个群系中，包括一些季节性群系，即由一年生或二年生植物组成的群系类型。

表3-3 玉带河国家湿地公园植物群系表

植被型组	植被型	群系
阔叶林	常绿阔叶林	栲树林 Castanopsis fargesii form.
		樟树林 Cinnamomum camphora form.
		青冈栎林 Cyclobalanopsis glauca form.
		东南栲林 Castanopsis jucunda form.
	落叶阔叶林	枫杨林 Pterocarya stenoptera form.
		加杨林 Populus × canadensis form.
		枫香林 Liquidambar formosana form.
	竹林	毛竹林 Phyllostachys edulis form.
针叶林	针叶林	马尾松林 Pinus massoniana form.
		杉木林 Cunninghamia lanceolata form.
	针阔混交林	马尾松+楝林 Pinus massoniana+Melia azedarach form.
灌丛	灌丛型	空心泡群系 Rubus rosifolius form.
		石榕树群系 Ficus abelii form.
		桑群系 Morus alba form.
草丛	莎草型	碎米莎草群系 Cyperus iria form.（季节性）
	禾草型	丝茅群系 Imperata koenigii form.
		虉草群系 Phalaris arundinacea form.
		日本看麦娘群系 Alopecurus japonicas form.（季节性）
		狗牙根群系 Cynodon dactylon form.
		假稻群系 Leersia japonica form.
		芦苇群系 Phragmites australis form.
		五节芒群系 Miscanthus floridulus form.
	杂草型	天胡荽群系 Hydrocotyle sibthorpioides form.
		火炭母群系 Polygonum chinense form.
		葎草群系 Humulus scandens form.
		空心莲子草群系 Alternanthera philoxeroides form.
		益母草群系 Leonurus japonicas form.（季节性）
		金荞麦群系 Fagopyrum dibotrys form.
		风花菜群系 Rorippa globosa form.（季节性）
		小蓬草群系 Conyza Canadensis form.（季节性）
		虎杖群系 Reynoutria japonica form.

植被型组	植被型	群系
草丛	杂草型	酢浆草群系 *Oxalis corniculata* form.
		石龙芮群系 *Ranunculus sceleratus* form.（季节性）
		碎米荠群系 *Cardamine hirsute* form.（季节性）
		水芹群系 *Oenanthe javanica* form.
		长刺酸模群系 *Rumex trisetifer* form.（季节性）
		齿果酸模群系 *Rumex dentatus* form.（季节性）
		艾群系 *Artemisia argyi* form.
水生植物	挺水型	中华石龙尾 *Limnophila chinensis* form.
		石龙尾 *Limnophila sessiliflora* form.
		鸭舌草 *Monochoria vaginalis* form.
	沉水型	穗状狐尾藻 *Myriophyllum spicatum* form.
		黄花狸藻 *Utricularia aurea* form.
		黑藻 *Hydrilla verticillata* form.
		菹草 *Potamogeton crispus* form.
		小茨藻 *Najas minor* form.
		纤细茨藻 *Najas gracillima* form.
	浮水型	眼子菜 *Potamogeton distinctus* form.
		凤眼蓝 *Eichhornia crassipes* form.
		浮萍 *Lemna minor* form.

3.2.8.2　植被特征

玉带河湿地公园内植被类型丰富，湿地植被特征明显。虽然一定程度上受到周围村庄的人为活动干扰，但依旧维持着良好的湿地生态环境，使得湿地植物丰富度高。

水库以及河流两侧山体的森林植被覆盖率高，固土蓄水能力强，并且保存有常绿阔叶林顶级群落，如栲树林、青冈栎林和东南栲林等，均为中亚热带地区丘陵区顶级群落的种类。虽然范围内较多区域生长的是人工杉木林、马尾松林以及一些次生阔叶林和灌丛，但是通道县雨热条件良好，适宜树木生长，后期通过封禁保护，森林植被情况将会朝着常绿阔叶林和针阔混交林的方向演替。

同时因湿地草本植物具有明显的季节性动态变化，湿地公园内的湿地草本植被也相应地有着季节性变化。公园内特征较为典型的是春季时沿河道分布较多的风花菜于夏季时开始结果枯萎，夏季葎草进入旺盛生长期，因此沿河道分布的葎草群落增多，植被特征发生变化。湿地植物的季节性变化使得湿地公园内河道两岸的植被覆盖率一直处于较高水平，且四季风光各有特色。

3.2.9　植物多样性分析

3.2.9.1　物种多样性测度

物种多样性测度是群落的总体参数，群落多样性的测度选用香农维纳指数（H）、均匀度指数（J）和辛普森指数（D）3类，多样性指数的计算公式如下：

香农维纳指数：

$$H = -\sum_{i-1}^{S} (P_i) \times \ln (P_i)$$

均匀度指数：

$$J = \frac{H}{H_{max}} = \frac{H}{\ln(S)}$$

辛普森指数：

$$D = 1 - \sum_{i}^{S} P_i^2$$

式中：S——所在样方的物种总数；

　　　　P_i——样方中物种 i 的个体数占样方个体总数的比例，即 $P_i = N_i/N$；

　　　　H_{max}——理论上的群落最大香农维纳指数，实际计算中通常以 $\ln(S)$ 代替。

3.2.9.2　植物多样性特征

基于野外调查结果，对玉带河湿地公园主要植物群落进行多样性指数分析，统计结果如表3-4。

表3-4　玉带河国家湿地公园主要植物群落物种多样性统计

群落编号	群落名称	H	J	D
1	栲树林	1.44	0.69	0.63
2	枫杨林	1.27	0.79	0.65
3	加杨林	1.26	0.79	0.66
4	枫香林	2.04	0.88	0.82
5	马尾松+楝林	1.61	0.90	0.77
6	空心泡群系	1.53	0.79	0.7
7	石榕树群系	1.44	0.89	0.72

续表

群落编号	群落名称	H	J	D
8	桑群系	0.99	0.91	0.60
9	丝茅群系	1.10	0.68	0.54
10	藨草群系	1.90	0.79	0.81
11	天胡荽群系	1.76	0.77	0.77
12	火炭母群系	1.82	0.87	0.81
13	空心莲子草群系	1.65	0.79	0.74
14	益母草群系	2.00	0.91	0.83
15	金荞麦群系	2.25	0.85	0.85
16	风花菜群系	2.03	0.88	0.84
17	小蓬草群系	1.75	0.90	0.81

金荞麦群系的 H 和 D 值均最高，H 为2.25，D 为0.85，而 H 最低的是桑群系，D 最低的是丝茅群系，二者都可以用来评价物种的丰富度和均匀度，只是 H 对分布稀疏的物种更敏感，D 对分布集中的物种更敏感。均匀度指数 J 可以从侧面反映群落的优势性是否明显，群落分布均匀则优势度不集中，桑群系和益母草群系的 J 值最高，同为0.91，J 最低的是丝茅群系，值为0.68，丝茅作为优势种在群落中优势性非常明显，而桑群系和益母草群系中各个物种的分布数目均匀，桑和益母草的优势不集中。

由图3-3可知，各个群落物种多样性指数的数值大致上趋于一致，群落的物种数越大，群落的多样性指数越高，群落的物种数较小，群落的多样性指数也较低。物种多样性指数的影响因素有许多，群落的种类组成在很大程度上影响了群落的性质和结构，进而决定了物种多样性指数的高低。

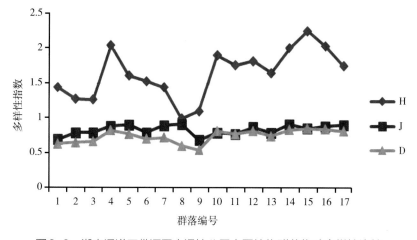

图3-3　湖南通道玉带河国家湿地公园主要植物群落物种多样性比较

综合分析，金荞麦群系物种组成复杂，多样性指数高，丝茅群系的种类组成简单，多样性指数低。种类组成丰富、结构复杂的群落，多样性指数相对较高。

3.3　评价

玉带河湿地公园范围由万佛山镇官团村瑶坪组经菁芜洲镇、县溪镇江口村的大鱼潭与靖州交界处及县溪镇犁头嘴至晒口水库与靖州交界处的水域、河洲漫滩及周边部分山地组成，湿地范围较广，流域面积较大，生境的异质性程度高，植物多样性程度高，湿地植物种类较多，共有维管植物171科、572属、911种，较典型的湿地植物有284种，其中挺水植物16种，沉水植物10种，浮水植物8种（包括蕨类植物中的满江红、槐叶萍）。公园范围内古树资源丰富，保护植物中以闽楠为特色。湿地生态环境保护较好，湿地植被覆盖率高，植被类型多样，水热条件优良，植物生长繁茂。

第四章 野生动物资源

引言

　　通道侗族自治县（以下简称通道县），地处湖南省西南边陲，东邻南岭山脉西部的"八十里南山"，南连广西"九万大山"北部山地，西接云贵高原东缘延伸地带，北界雪峰山青靛山，为南岭、桂北、黔东和雪峰山地的交汇过渡区域。通道县是湖南省主要的集体林区县之一，境内山高坡陡，河谷深切，森林繁茂，森林生态系统是县域内面积最大、类型最多、结构最完整、自然属性最强的生态系统。县城内地带性植被为中亚热带东部湿润性常绿阔叶林，系南岭山地南坡森林亚区、雪峰山南部低山丘陵亚区和桂西北高原边缘森林亚区的交汇带。通道县也是珠江水系支流浔水和长江水系沅水支流渠水的分水岭和发源地，独特的地理区位和优越的生态环境，不仅涵养了充沛的水资源，也孕育了丰富的野生动物资源，动物区系具有显著的过渡性特征。以鸟类为例，目前在通道县已发现了黑眉拟啄木鸟（*Megalaima oorti*）和白眉棕啄木鸟（*Sasia ochracea*）属湖南省鸟类新纪录种。

　　玉带河湿地公园属河流型湿地，上游河道系渠水源头，下游河道连接靖州五龙潭国家湿地公园，水源充沛、流域面积广，野生植物多样性高且生长茂盛。湿地公园的建设对于保护玉带河及周边区域水资源和野生动植物资源意义重大。2015年，在首次规划、申报玉带河国家湿地公园时，通道县林业局与湖南省农林工业勘察设计研究总院、中南林业科技大学、湖南师范大学共同对玉带河湿地公园内的野生脊椎动物资源进行了初步调查，记录了野生脊椎动物226种，其中，鱼类4目11科41种，两栖动物1目6科17种，爬行动物2目6科19种，鸟类16目42科123种，哺乳动物6目16科26种。然而，鉴于当初调查频次和时间限制，玉带河湿地公园野生动物本底资源尚有待进一步深入挖掘。自玉带河湿地公园被批准为国家湿地公园试点建设单位后，湿地公园便多次邀请科研院所与社会民间热心野生动物摄影爱好者，参与公园内野生动物资源调查工作。在陆续发现一批公园的野生动物新纪录种的基础上，为全面地总结湿地公园的野生脊椎动物资源本底状况，推动系统性调查工作，2018年3月，玉带河湿地公园同中南林业科技大学野生动植物保护研究所正式签订玉带河湿地公园资源本底调查协议，对湿地公园及周边区域野生脊椎动物资源本底进行了深入系统地调查研究，期间也有众多民间野生动物爱好者和摄影家为科考工作做出了突出贡献，现将玉带河湿地公园野生脊椎动物资源调查研究结果汇报如下。

4.1　鱼类

4.1.1　调查方法

鱼类调查期间，沿玉带河湿地公园及周边河道设置了6处鱼类标本采样点（图4-1），涉及玉带河湿地公园上、中、下游河段，在非禁渔期进行鱼类标本采集。

鱼类采用渔获物法调查（图4-2），具体操作为：

①采用刺网法、地笼网法或拖网法捕捞渔获物，现场记录并拍摄物种照片。记录完后释放，同时采集少量标本。

②走访调查湿地公园内或周边码头、渔船、渔民、水产市场、餐馆等有当地鱼类交易或消费的地方，或开展休闲垂钓的地方，购买鱼类标本，进行补充采样、记录，并拍摄照片。

③在河流沿岸带，以抄网、撒网、饵钓等方法，采集鱼类样本、记录，并拍摄照片。

4.1.2　调查结果

4.1.2.1　物种组成

通过标本采集、访问调查和查阅相关文献，玉带河湿地公园内共记录鱼类52种（附录Ⅱ）。隶属4目11科，其中鲤形目2科33种，鲇形目2科5种，合鳃目2科2种，鲈形目5科12种（图4-3）。在2015年鱼类本底资源调查的基础上，玉带河湿地公园又新增11种鱼类新纪录种，即黄尾鲴（*Xenocypris davidi*）、光倒刺鲃（*Spinibarbus hollandi*）、中华倒刺鲃（*Spinibarbus sinensis*）、尖头鱥（*Rhynchocypris oxycephalus*）、青鱼（*Mylopharyngodon piceus*）、赤眼鳟（*Squaliobarbus curriculus*）、鲢（*Hypophthalmichthys molitrix*）、鳙（*Aristichthys nobilis*）、银鮈（*Squalidus argentatus*）、斑鳜（*Siniperca scherzeri*）、广西鱊（*Acheilognathus meridianus*）。

4.1.2.2　濒危保护物种

（1）中国特有种

玉带河湿地公园内记录的52种鱼类中有18种鱼类属中国特有种，占公园内鱼类物种数的34.6%，即伍氏华鳊（*Sinibrama wui*）、四川半䰾（*Hemiculterella sauvagei*）、似鳊（*Toxabramis swinhonis*）、黄尾鲴、中华倒刺鲃、半刺光唇鱼（*Acrossocheilus hemispinus*）、中华鳑鲏（*Rhodeus*

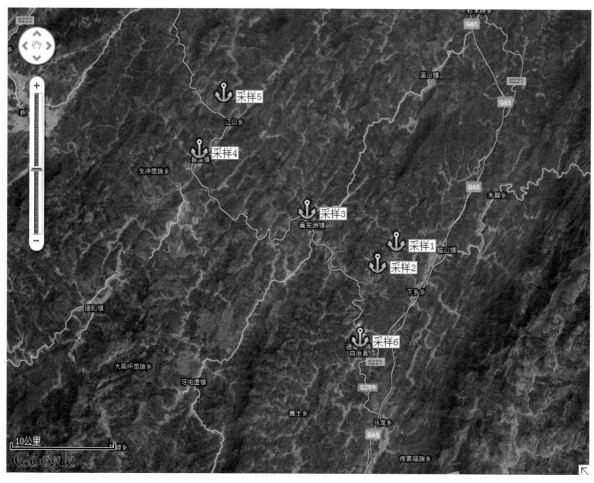

图4-1　湖南通道玉带河国家湿地公园鱼类调查标本采样点分布图

图4-2　湖南通道玉带河国家湿地公园鱼类调查标本采样工作

sinensis）、广西鳈、黑鳍鳈（*Sarcocheilichthys nigripinnis*）、白边拟鲿（*Pseudobagrus albomarginatus*）、粗唇拟鲿（*Pseudobagrus crassilabris*）、大鳍鳠（*Hemibagrus macropterus*）、刺鳅（*Macrognathus aculeatus*）、波纹鳜（*Siniperca undulata*）、中华沙塘鳢（*Odontobutis sinensis*）、小黄黝鱼（*Micropercops swinhonis*）、溪吻虾虎鱼（*Rhinogobius duospilus*）和圆尾斗鱼（*Macropodus chinensis*）。

（2）濒危物种红色名录

根据IUCN濒危物种红色名录（2017），玉带河湿地公园内记录到的鱼类中有1种属近危（NT）物种，即波纹鳜；有3种鱼类属数据缺乏（DD）物种，即广西鳈、银色颌须鮈（*Gnathopogon argentatus*）和溪吻虾虎鱼；其他鱼类均属无危（LC）物种。

另据中国脊椎动物红色名录（2016），玉带河国家湿地公园内记录到的鸟类中有2种属近危（NT）物种，即波纹鳜和中国少鳞鳜（*Coreoperca whiteheadi*）；有2种属数据缺乏（DD）物种，濒危等级尚不明确，即银色颌须鮈（*Gnathopogon argentatus*）和溪吻虾虎鱼；其他鱼类均属无危（LC）物种。

4.1.2.3　区系分析

中国淡水鱼类地理区划，依李思忠1981年的标准，共分为5区、21亚区，即北方区（包括额尔齐斯河亚区、黑龙江亚区）；宁蒙区（包括内蒙古亚区、河套亚区）；西南区（包括准噶尔亚区、伊犁额敏亚区、塔里木亚区、藏西亚区、青藏亚区、陇西亚区、康藏亚区、川西亚区）；华东区（包括辽河亚区、河海亚区、江淮亚区）；华南区（包括怒澜亚区、珠江亚区、海南岛亚区、浙闽亚区、台湾亚区、南海诸岛亚区）。

按照这一区划，玉带河湿地公园鱼类区划属于华东区的江淮亚区。根据调查显示（附录Ⅱ），该区鱼类区系主要由东洋界物种构成，其中华东区特有种有4种，即伍氏华鳊、四川半鳘、大眼鲄和大鳍鳠；华南区特有种也有4种，即半刺光唇鱼、广西鳈、刺鳅和溪吻虾虎鱼；未见北方区、华西区和宁蒙区的特有种。湿地公园内有14种鱼类属华东华南区共有物种，如䱗（*Hemiculter leucisculus*）、南方拟䱗（*Pseudohemiculter dispar*）、翘嘴鲌（*Culter alburnus*）、宽鳍鱲（*Zacco platypus*）、马口鱼（*Opsariicjthys bidens*）、大眼鳜（*Siniperca kneri*）、子陵吻虾虎鱼（*Rhinogobius giurinus*）等；有4种鱼类属华西华东区共有物种，即光倒刺鲃、中华倒刺鲃、花䱻（*Hemibarbus maculatus*）和白边拟鲿。广泛分布于华西区、华东区和华南区的物种有5种，即黑鳍鳈、黄鳝（*Monopterus albus*）、波纹鳜、中国少鳞鳜和斑鳢（*Channa maculata*）；广泛分布于北方区、华东区和华南区的物种有6种，即尖头鲹、青鱼、草鱼（*Ctenopharyngodon idellus*）、棒花鱼（*Abbottina rivularis*）、蛇鮈（*Saurogobio dabryi*）和黄颡鱼（*Pelteobagrus fulvidraco*）；广泛分布于北方区、华西区、华东区和华南区的物种有2种，即大鳞副泥鳅（*Paramisgurnus dabryanus*）和斑鳜；广泛分布于北方区、宁蒙区、华东区和华南区的物种有1种，即花鳅（*Cobitis taenia*）；有11种鱼类属广泛分布于各区的广布种，如赤眼鳟、鲢、鲫（*Carassius auratus*）、鲤（*Cyprinus carpio*）、泥鳅

伍氏华鳊 *Sinibrama wui*

中华倒刺鲃 *Spinibarbus sinensis*

斑鳢 *Channa maculata*

大眼鳜 *Siniperca kneri*

黄颡鱼—玉带河

麦穗鱼—玉带河

南方拟䱗 *Pseudohemiculter dispar*

鲇—玉带河

中华沙塘鳢 *Odontobutis sinensis*

翘嘴鲌 *Culter alburnus*

草鱼 *Ctenopharyngodon idellus*

高体鳑鲏—玉带河

图4-3　湖南通道玉带河国家湿地公园鱼类代表种

（*Misgurnus anguillicaudatus*）、鲇（*Silurus asotus*）、鳜（*Siniperca chuatsi*）、圆尾斗鱼等。这一结果说明该区鱼类区系具有典型的东洋界华东区江淮亚区的特征，又具有南北混杂、东西渗透的特点。

4.1.2.4　生态类型

（1）居留类型

按照鱼类洄游的生活习性，可将玉带河湿地公园境内记录的52种鱼类可分为2种居留类型（附录Ⅱ）。其中，河湖洄游性鱼类共6种，占公园鱼类物种数的11.54%，包括黄尾鲴、赤眼鳟、鲢、鳙、青鱼和草鱼；其余46种鱼类均属定居性鱼类，占公园鱼类物种数的88.46%。可见，定居性鱼类占绝对优势，这与玉带河湿地公园水系以河流为主，缺乏与较大型天然湖泊的连通性有关。

（2）摄食类型

按营养结构即摄食类型，可将玉带河湿地公园境内记录的52种鱼类可分为杂食性、肉食性、植食性和滤食性4种类型（附录Ⅱ）。其中，杂食性鱼类有26种，占公园鱼类物种数的50.00%，如四川半䱗、中华倒刺鲃、麦穗鱼、中华鳑鲏、棒花鱼、蛇鮈、鲫、鲤、泥鳅、大鳞副泥鳅等；肉食性鱼类有21种，占公园鱼类物种数的40.38%，如翘嘴鲌、宽鳍鱲、马口鱼、青鱼、鲇、黄鳝、鳜、小黄黝鱼、子陵鰕虎鱼等；植食性鱼类有3种，占公园鱼类物种数的5.77%，如伍氏华鳊、黄尾鲴和草鱼；滤食性鱼类有2种，占公园鱼类物种数的3.85%，如鲢和鳙。多样的摄食类型使鱼类的食物网络变得复杂，这对于玉带河湿地公园鱼类群落结构的稳定是有意义的。

（3）栖息类型

按栖息习性玉带河湿地公园鱼类可大致分为中上层、中下层和底栖3种类型（附录Ⅱ）。其中，底栖鱼类有21种，占该区鱼类物种数的40.38%，如青鱼、花鳕、棒花鱼、蛇鮈、鲫、鲤、花鳅科、鲿科、合鳃鱼科、刺鳅科、塘鳢科、鰕虎鱼科、鳢科等；中下层鱼类有14种，占该区鱼类物种数的26.92%，如黄尾鲴、中华倒刺鲃、尖头鱥、花鳕、麦穗鱼、宽鳍鱲、马口鱼、银鮈、草鱼等；中上层鱼类有17种，占该区鱼类物种数的32.69%，如四川半䱗、翘嘴鲌、高体鳑鲏、中华鳑鲏、鲢、鳙、赤眼鳟、真鲈科、斗鱼科等。鱼类在不同水层的分布，有利于充分利用水体食物资源，从而也有利于鱼类多样性的维持；而底栖鱼类占有较高的比例，则预示河流底质环境的改变可能对该区鱼类种类和资源造成较大影响。

（4）优势度分析

根据标本采集和访问调查记录，现将玉带河湿地公园记录的52种鱼类按相对资源量划分为3种资源优势型（附录Ⅱ），即优势种、常见种或普通种、稀有种或少见种。其中优势种有䱗、宽鳍鱲、马口鱼、草鱼、高体鳑鲏、麦穗鱼、棒花鱼、泥鳅、大鳍鱊、黄鳝等20种鱼类，占公园鱼类物种数的38.46%；常见种有伍氏华鳊、南方拟䱗、翘嘴鲌、中华倒刺鲃、青鱼、花鳅、鳜、小黄黝鱼、子陵鰕虎鱼、乌鳢等23种，占公园鱼类物种数的44.23%；稀有种有四川半鳘、广西鳈、黑鳍鳈、大鳞副泥鳅、白边拟鲿、大眼鳜、波纹鳜、斑鳜、中国少鳞鳜9种，占公园鱼类物种数的17.31%。

4.2　两栖类

4.2.1　调查方法

4.2.1.1　调查时间

2018~2020年，每年选择在5月下旬、7月中旬和9月上旬，每年对玉带河湿地公园两栖动物资源进行3次实地调查。

4.2.1.2　调查方法

两栖动物资源调查主要采用样线法，辅以蛙声辨认和访问调查法等。两栖动物资源调查主要内容包括：种类及分布、数量、物种多样性、中国特有种、省重点保护与国家重点保护物种。首先广泛查阅相关文献资料和地形图，对玉带河湿地公园区域内地形地貌、土壤、水文、动植物资源现状进行大致了解；再认真分析地形图、林相图，在兼顾不同海拔、植被类型、生境类型、动物生活习性的情况下，确定两栖动物资源调查路线。

白天对样线进行实地考察，确定3条样线的线路（表4-1，图4-4），然后沿样线开始调查。样线法调查途中或调查结束时，可采用访问调查法访问当地百姓，辅助调查。在天气晴朗的夜晚，天黑30 min后沿确定的样线开展调查（图4-5），调查过程中使用已加载玉带河区域地图的三星平板电脑（SM-T705C）中的Orux maps软件进行定位，记录发现点的经度、纬度、海拔高度、生境特征及样带长度，并用尼康数码相机（COOLPix P900S）对物种及生境进行拍照。内业整理时，利用《湖南动物志两栖纲》等专业书籍对物种进行鉴定。

表4-1　湖南通道玉带河国家湿地公园两栖动物资源调查样线信息

样线	起点经纬度	终点经纬度	起点海拔/m	终点海拔/m	生境类型	样线长度/km
1	109° 43' 49.09" E 26° 18' 36.45" N	109° 43' 33.67" E 26° 17' 54.94" N	406	349	农田、常绿阔叶林、溪流	1.8
2	109° 46' 0.18" E 26° 14' 42.46" N	109° 45' 14.49" E 26° 14' 46.56" N	382	374	农田、河流、常绿阔叶林、池塘	2.0
3	109° 48' 59.16" E 26° 14' 32.09" N	109° 49' 36.67" E 26° 15' 19.13" N	393	396	农田、常绿阔叶林、池塘	2.5

4.2.1.3　两栖动物生态类型

依据两栖类成体的主要栖息地，综合考虑产卵、蝌蚪及其幼体生活的水域状态，将两栖类归为五个生态类型：①静水型Q：整个个体发育均要或完全在静水水域的种类。②陆栖—静水型TQ：非繁殖期成体多营陆生而胚胎发育及变态在静水水域中的种类。③流水型R：整个个体发育均要或完全在流水水域中的种类。④陆栖—流水型TR：非繁殖期成体多营陆生而胚胎发育及变态在流水水域的种类。⑤树栖型A：成体以树栖为主，胚胎发育及变态在静水水域的种类。

图4-4　湖南通道玉带河国家湿地公园两栖爬行动物资源调查样线布设图

图4-5　湖南通道玉带河国家湿地公园两栖爬行动物调查工作

4.2.2　调查结果

根据实地调查和参考已有文献得知：玉带河湿地公园现已记录两栖动物22种，隶属1目7科。其中，东洋界物种20种，广布种2种。国家二级重点保护野生动物1种，即虎纹蛙（*Hoplobatrachus chinensis*）；有19种两栖爬行动物属"国家保护有益的或者有重要经济、科学研究价值的陆生野生动物"（图4-6）。

4.2.2.1　物种组成

玉带河湿地公园现已记录两栖动物22种，隶属1目、7科。其中，角蟾科1种、蟾蜍科2种、雨蛙科1种、蛙科9种、叉舌蛙科4种、树蛙科2种、姬蛙科3种。此次调查新增玉带河湿地公园两栖动物新纪录种5种，即黑眶蟾蜍（*Duttaphrynus melanostictus*）、大绿臭蛙（*Odorrana graminea*）、寒露林蛙（*Rana hanluica*）、棘胸蛙（*Quasipaa spinosa*）和粗皮姬蛙（*Microhyla butleri*）。

4.2.2.2　区系分析

玉带河湿地公园的动物地理区划属于东洋界、中印亚界、华中区、西部山地高原亚区。在22种两栖动物中，有20种为东洋界物种，占两栖动物物种总数的90.91%；广布种2种，占物种总数的9.09%；无古北界种类。在20种东洋界物种中，有4种为华中区物种，有16种为华中区和华南区共有种，无华南区物种。由此可见，玉带河湿地公园两栖动物区系组成以东洋界华中区和华南区共有种为主，这与湿地公园地处东洋界华中区和华南区的过渡地带，其动物区系组成呈现出华中区与华南区成分混杂的特征相一致。

4.2.2.3　生态类型

两栖动物的生态类型可归为五类：静水型、陆栖—静水型、流水型、陆栖—流水型、树栖型。在玉带河湿地公园的两栖动物中，有4种属于静水型（附录Ⅲ）；8种属于陆栖—静水型；有6种属于流水型；3种树栖型，1种陆栖—流水型。玉带河湿地公园两栖动物以陆栖—静水型最多，流水型次之。玉带河湿地公园以湿地生态系统为主，境内山林的海拔不高，缺乏角蟾科物种，故陆栖—流水型物种最少。

沼蛙 *Boulengerana guentheri*

泽陆蛙 *Fejervarya multistriata*

大树蛙 *Rhacophorus dennysii*

宽头短腿蟾 *Brachytarsophrys carinensis*

寒露林蛙 *Rana hanluica*

棘胸蛙 *Quasipaa spinosa*

棘腹蛙 *Quasipaa boulengeri*

饰纹姬蛙 *Microhyla ornate*

黑眶蟾蜍 *Duttaphrynus melanostictus*

中华蟾蜍 *Bufo gargarizans*

图4-6　湖南通道玉带河国家湿地公园两栖动物代表种

华南湍蛙 *Amolops ricketti*

花臭蛙 *Odorrana schmackeri*

虎纹蛙 *Hoplobatrachus chinensis*

黑斑侧褶蛙 *Pelophylax nigromaculatus*

图4-6　湖南通道玉带河国家湿地公园两栖动物代表种

4.2.2.4　优势种分析

在每年的实地调查过程中，两栖动物呈现不同的数量优势：在第一次调查时（5月份），饰纹姬蛙（*Microhyla fissipes*）和粗皮姬蛙为数量优势种，占调查物种个体数的70%以上；在第二次调查时（7月份），姬蛙科物种个体数大幅下降，取而代之的是泽陆蛙（*Fejervarya multistriata*）和沼蛙（*Boulengerana guentheri*）；在第三次调查时（9月份），泽陆蛙为唯一的数量优势种，占调查物种数量的90%以上。

4.2.2.5　珍稀保护物种

（1）国家重点保护物种

虎纹蛙为国家二级重点保护野生动物，野外鉴别特征：体形大；皮肤粗糙，背部有长短不一、排列不规则的肤棱，一般断续成纵行排列；趾间全蹼。虎纹蛙俗称泥蛙、田鸡，一般栖息于丘陵地带山脚下的旷野地带或水田、鱼塘、水坑内，主要生活在稻田区，晚上活动，白天藏匿于泥穴或杂草、石隙中。虎纹蛙有显著的捕食农田害虫的生态价值。在玉带河湿地公园内，虎纹蛙分布于玉带河附近的农田和水塘中，资源量少。

（2）三有动物

玉带河湿地公园有20种两栖动物属于"国家保护的有益的或者有重要经济、科学研究价值的陆生野生动物"，占两栖动物物种总数的90.91%。

（3）世界自然保护联盟濒危物种红色名录物种

根据《世界自然保护联盟濒危物种红色名录》（IUCN Red List of Threatened Species），玉带河湿地公园两栖类共有1种濒危物种（EN），即棘腹蛙（*Quasipaa boulengeri*）；1种易危物种（VU），即棘胸蛙；1种近危物种（NT），即黑斑侧褶蛙（*Pelophylax nigromaculatus*）；15种低危物种（LC）。

（4）中国脊椎动物红色名录物种

根据《中国动物红色名录》，玉带河湿地公园两栖类共有1种濒危物种，即虎纹蛙。2种易危物种，分别是棘腹蛙、棘胸蛙。2种近危物种，分别是宽头短腿蟾（*Brachytarsophrys carinensis*）、黑斑侧褶蛙；16种低危物种。

（5）湖南省地方保护物种

玉带河湿地公园有18种两栖动物属于湖南省地方重点保护野生动物。占玉带河国家湿地公园两栖动物物种总数的81.82%。

（6）中国特有种

玉带河湿地公园共有6种两栖动物属于中国特有种，分别是：三港雨蛙（*Hyla sanchiangensis*）、寒露林蛙、镇海林蛙（*Rana zhenhaiensis*）、湖北侧褶蛙（*Pelophylax hubeiensis*）、阔褶水蛙（*Sylvirana latouchii*）和大树蛙（*Rhacophorus dennysi*）。

4.3　爬行类

4.3.1　调查方法

4.3.1.1　调查时间

2018~2020年，每年选择在5月下旬、7月中旬和9月上旬，每年对玉带河湿地公园爬行动物物种多样性进行3次实地调查。

4.3.1.2　调查方法

爬行动物资源调查主要采用样线法，辅以访问调查法等。爬行动物资源调查主要内容包括：种类及分布、数量、物种多样性、中国特有种、省重点保护与国家重点保护物种。首先广泛查阅相关文献资料和地形图，对玉带河湿地公园区域内地形地貌、土壤、水文、动植物资源现状进行大致了解；再认真分析地形图、林相图，在兼顾不同海拔、植被类型、生境类型、动物生活习性的情况下，确定爬行动物资源调查路线。

白天对样线进行实地考察，确定3条样线的线路（表4-1，图4-4），然后沿样线开始调查。样线法调查途中或调查结束时，可采用访问调查法访问当地百姓，辅助调查。在天气晴朗的夜晚,天黑30 min后沿确定的样线开展调查(图4-5),调查过程中使用已加载玉带河区域地图的三星平板电脑(SM-T705C)中的Orux maps软件进行定位,记录发现点的经度、纬度、海拔高度、生境特征及样带长度,并用尼康数码相机(COOLPix P900S)对物种及生境进行拍照。内业整理时,利用《湖南动物志 爬行纲》和《中国蛇类(下)》等专业书籍对物种进行鉴定。

4.3.2 调查结果

4.3.2.1 物种组成

根据实地调查和参考已有文献得知:玉带河湿地公园现已记录爬行动物34种,隶属2目6科。以游蛇科蛇类占明显优势。其中,蜥蜴目3科、5种,分别是:壁虎科1种,石龙子科3种,蜥蜴科1种;蛇目3科29种,分别是:游蛇科20种,眼镜蛇科3种,蝰科6种。无国家重点保护物种分布,有33种属于"国家保护的有益的或者有重要经济、科学研究价值的陆生野生动物"(图4-7)。

此次调查新增玉带河湿地公园爬行动物新纪录种15种,即锈链腹链蛇(*Amphiesma craspedogaster*)、草腹链蛇(*Amphiesma stolatum*)、丽纹腹链蛇(*Hebius optatum*)、灰腹绿蛇(*Rhadinophis frenatus*)、黑背链蛇(*Lycodon ruhstrati*)、中国小头蛇(*Oligodon chinensis*)、缅甸钝头蛇(*Pareas hamptoni*)、大眼斜鳞蛇(*Pseudoxenodon macrops*)、滑鼠蛇(*Ptyas mucosa*)、颈棱蛇(*Macropisthodon rudis*)、舟山眼镜蛇(*Naja atra*)、中华珊瑚蛇(*Sinomicrurus macclellandi*)、白头蝰(*Azemiops kharini*)、尖吻蝮(*Deinagkistrodon acutus*)和山烙铁头蛇(*Ovophis monticola*)。

铜蜓蜥 *Sphenomorphus indicus*

中国石龙子 *Eumeces chinensis*

蓝尾石龙子 *Eumeces tlegans*

舟山眼镜蛇 *Naja atra*

银环蛇 *Bungarus multicinctus*

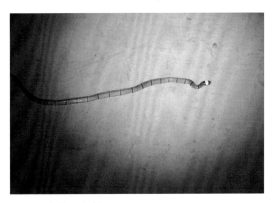

中华珊瑚蛇 *Sinomicrurus macclellandi*

白头蝰 *Azemiops kharini*

尖吻蝮 *Deinagkistrodon acutus*

原矛头蝮 *Protobothrops mucrosquamatus*

中国小头蛇 *Oligodon chinensis*

图4-7　湖南通道玉带河国家湿地公园爬行动物代表种

乌梢蛇 *Zaocys dhumnades*

王锦蛇 *Elaphe carinata*

灰鼠蛇 *Ptyas korros*

锈链腹链蛇 *Amphiesma craspedogaster*

颈棱蛇 *Macropisthodon rudis*

缅甸钝头蛇 *Pareas hamptoni*

图4-7 湖南通道玉带河国家湿地公园爬行动物代表种

4.3.2.2 区系分析

玉带河湿地公园动物地理区划属于东洋界、中印亚界、华中区、西部山地高原亚区。在34种爬行动物中，东洋界物种27种，占爬行动物的79.4%；广布种7种，占爬行动物的20.6%；

无古北界种类。在27种东洋界物种中，华中区5种，华中区和华南区共有种22种，无华南区物种。玉带河湿地公园爬行动物区系组成以东洋界华中区和华南区共有种为主，这与湿地公园地处东洋界华中区和东洋界华南区的过渡地带，其动物区系组成呈现出华中区与华南区成分混杂的特征相一致。

4.3.2.3　优势种分析

调查结果表明：锈链腹链蛇属于爬行动物优势种，占调查到爬行动物数量的四成，发现点大多数位于农田；其次是原矛头蝮（*Protobothrops mucrosquamatus*）和乌华游蛇（*Sinonatrix percarinata*）。

4.3.2.4　珍稀保护物种

（1）三有动物

玉带河湿地公园有34种爬行动物属于"国家保护的有益的或者有重要经济、科学研究价值的陆生野生动物"，占爬行动物物种总数的100%。

（2）濒危野生动植物种国际贸易公约附录物种

玉带河湿地公园有2种爬行类动物被列入《濒危野生动植物种国际贸易公约》附录Ⅱ，分别是滑鼠蛇和舟山眼镜蛇。

（3）世界自然保护联盟濒危物种红色名录物种

根据《世界自然保护联盟濒危物种红色名录》（IUCN Red List of Threatened Species），玉带河湿地公园爬行类共有1种易危物种（VU），即舟山眼镜蛇；1种近危物种（NT），即灰鼠蛇（*Ptyas korros*）。

（4）中国脊椎动物红色名录物种

根据《中国动物红色名录》，玉带河湿地公园两栖类和爬行类共有5种濒危物种，分别是王锦蛇（*Elaphe carinata*）、黑眉锦蛇（*Elaphe taeniura*）、滑鼠蛇、尖吻蝮和银环蛇（*Bungarus multicinctus*）。6种易危物种，分别是灰鼠蛇、乌华游蛇、中华珊瑚蛇、舟山眼镜蛇、白头蝰和短尾蝮（*Gloydius brevicaudus*）。2种近危物种，分别是缅甸钝头蛇和山烙铁头；20种低危物种。

（5）湖南省地方保护物种

玉带河湿地公园有31种爬行动物属于湖南省地方重点保护野生动物，占玉带河国家湿地公园爬行动物物种总数的91.18%。

（6）中国特有种

玉带河湿地公园共有3种爬行动物属于中国特有种，分别是：北草蜥（*Takydromus septentrionalis*）、锈链腹链蛇和颈棱蛇。

4.4　鸟类资源

4.4.1　调查方法

4.4.1.1　样带法、样点法调查

鸟类调查采用定性调查与定量调查相结合的方法。定性调查以定点观测、调查为主，定量调查以样点法和样带法为主。

（1）样带法

选择晴朗无风的天气，在日出后2 h和日落前2 h内进行观测，大雾、大雨、大风等天气除外。调查人员沿固定样带行走（图4-8），速度为1~2 km/h，观察、记录样带两侧和前方看到或听到的鸟类种类及种群数量，不记录从调查人员身后向前飞的鸟类，并拍摄鸟类及其生境照片。对难以拍摄的鸟类可采用录音进行记录。根据玉带河湿地公园鸟类分布与栖息地状况，以及兼顾河流沿岸的徒步调查可行性，在玉带河沿线随机布设了17条样带（图4-9，表4-2）。

（2）样点法

选择晴朗无风的天气，在日出后2 h和日落前2 h内进行观测，大雾、大雨、大风等天气除外。调查人员到达样点后，应安静地等待5 min再开始计数（图4-8）。将观察到或听到的鸟类种类及种群数量，进行记录，并拍摄鸟类及其生境照片。对难以拍摄的鸟类可采用录音进行记录。根据玉带河湿地公园鸟类分布与栖息地状况，以及兼顾河流沿岸的徒步调查可行性，在玉带河沿线随机布设了22个样点（图4-9，表4-3）。

4.4.1.2　红外相机自动拍摄法

热成像法是利用目前较普遍的红外热成像仪，进行样点或样带上鸟类数量调查的方法，该方法能够拍摄到稀有或者活动隐蔽的在地面活动鸟类。首先对鸟类的活动区域和日常活动路线进行调查，在此基础上将红外相机安置在目标鸟类经常出没的通道或者活动密集区域。依据分层抽样或系统抽样法设置红外观测设备，每个生境类型下设置不少于5个观测点。根据设备供电情况，定期巡视样点并及时更换调离，调试设备，下载数据。记录各样点拍摄到的鸟类的数量、种类等信息。根据实地踏查，调查组先期在玉带河上游的生态保育区布设了10台红外相机（图4-8）。

4.4.1.3　数据分析

鸟类名录构建按照《中国鸟类分类与分布名录》（第三版）的鸟类分类系统。

RB频率指数，该指数是将调查期间某种鸟的遇见率R和该种鸟每天平均遇见数量B的乘积，即$r = R \times B = (d/D \times 100) \times (N/D)$。其中，$d$指遇见该种鸟的天数，$D$指调查工作总天数，

N为该种鸟的总数量。凡指数在500以上的视为优势种，指数在200～500的视为普通种，指数在200以下的视为稀有种或偶见种。

样带调查

样点调查

红外相机安装

珍稀鸟类分布点访问调查座谈会

图4-8　湖南通道玉带河国家湿地公园鸟类调查工作

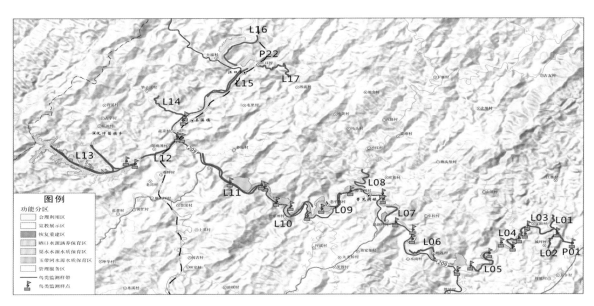

图4-9　湖南通道玉带河国家湿地公园鸟类本底资源调查样带和样点设置示意图

表4-2　湖南通道玉带河国家湿地公园鸟类本底资源调查样带设置一览表

样带编号	样带起点小地名	样带起点坐标	样带终点小地名	样带终点坐标	长度/km	样带单侧宽度/m	海拔区间/m
YDHL01	邓口	N 26° 13' 56.9" E 109° 51' 00.3"	三角塘	N 26° 15'05.3" E 109° 50' 18.0"	3.3	50	387 ~ 373
YDHL02	大礼	N 26° 14' 23.8" E 109° 50' 28.5"	城坪	N 26° 13' 45.2" E 109° 50' 10.2"	1.5	100	381 ~ 369
YDHL03	官团村	N 26° 14' 40.9" E 109° 49' 27.2"	三角塘	N 26° 14' 30.8" E 109° 50' 19.4"	2.3	100	364 ~ 368
YDHL04	官团村	N 26° 14' 37.3" E 109° 49' 22.0"	高车	N 26° 13' 46.3" E 109° 48' 55.9"	2.6	100	362 ~ 361
YDHL05	土门村	N 26° 13' 35.3" E 109° 48' 08.5"	连成沟	N 26° 13' 02.2" E 109° 47' 31.5"	3.2	100	364 ~ 356
YDHL06	枞板	N 26° 13' 19.5" E 109° 46' 12.9"	地连村	N 26° 13' 41.4" E 109° 45' 22.0"	2.7	100	363 ~ 350
YDHL07	地朗坪	N 26° 14' 52.4" E 109° 44' 29.7"	多来堡	N 26° 15' 27.3" E 109° 44' 34.7"	2.2	100	363 ~ 343
YDHL08	菁芜洲	N 26° 16' 15.0" E 109° 43' 47.8"	蛇口	N 26° 16' 58.1" E 109° 43' 42.1"	3.0	50	347 ~ 345
YDHL09	黄腊塝	N 26° 15' 58.0" E 109° 43' 00.3"	老黄脚村	N 26° 15' 38.9" E 109° 42' 30.0"	2.0	100	345 ~ 342
YDHL10	西林壁	N 26° 15' 29.2" E 109° 41' 18.0"	间冲	N 26° 15' 27.1" E 109° 42' 01.0"	3.3	100	336 ~ 343
YDHL11	瓜坪村	N 26° 16' 19.8" E 109° 40' 19.1"	江口坪	N 26° 17' 36.5" E 109° 38' 17.9"	7.3	100	337 ~ 332
YDHL12	犁头嘴	N 26° 18' 16.9" E 109° 37' 27.7"	晒口水库大坝	N 26° 17' 26.0" E 109° 36' 13.3"	3.4	100	337 ~ 348
YDHL13	晒口水库	N 26° 17' 11.9" E 109° 36' 01.7"	对江	N 26° 17' 55.6" E 109° 33' 10.9"	8.0	100	349 ~ 352
YDHL14	桥头庵	N 26° 19' 07.5" E 109° 37' 43.2"	横坡	N 26° 19' 56.9" E 109° 36' 47.0"	3.3	50	333 ~ 350
YDHL15	上江口	N 26° 21' 03.1" E 109° 39' 48.0"	高寨	N 26° 19' 56.1" E 109° 38' 27.0"	3.4	100	331 ~ 345
YDHL16	玉带河西段终点界碑外	N 26° 22' 23.2" E 109° 40' 06.9"	潭木湾	N 26° 21' 12.1" E 109° 39' 26.0"	3.8	100	325 ~ 335
YDHL17	江口村	N 26° 21' 12.6" E 109° 40' 05.8"	大龙水库	N 26° 20' 43.2" E 109° 41' 11.4"	4.0	50	315 ~ 382

表4-3 湖南通道玉带河国家湿地公园鸟类本底资源调查样点设置一览表

样点编号	样点小地名	样点起点坐标	海拔/m	样点编号	样点小地名	样点起点坐标	海拔/m
YDHP01	瑶 坪	N 26° 14' 20.8" E 109° 49' 22.2"	364	YDHP12	菁芜洲大桥	N 26° 15' 59.8" E 109° 44' 26.2"	343
YDHP02	松 柏	N 26° 14' 10.0" E 109° 49' 10.1"	363	YDHP13	——	N 26° 16' 06.1" E 109° 43' 20.2"	337
YDHP03	高 车	N 26° 13' 02.1" E 109° 47' 31.7"	360	YDHP14	江口村水坝	N 26° 15' 22.3" E 109° 42' 21.1"	352
YDHP04	玉龙湾	N 26° 13' 59.3" E 109° 48' 33.4"	378	YDHP15	江口村	N 26° 15' 05.3" E 109° 41' 52.5"	338
YDHP05	土门桥	N 26° 13' 33.8" E 109° 48' 08.6"	362	YDHP16	新 口	N 26° 15' 39.4" E 109° 40' 49.0"	346
YDHP06	连成沟口	N 26° 13' 03.6" E 109° 47' 29.8"	353	YDHP17	岩 壁	N 26° 16' 16.7" E 109° 40' 26.0"	336
YDHP07	——	N 26° 12' 51.0" E 109° 47' 02.7"	365	YDHP18	闷 冲	N 26° 16' 27.2" E 109° 39' 15.0"	338
YDHP08	西 应	N 26° 14' 08.7" E 109° 45' 28.1"	351	YDHP19	犁头嘴桥	N 26° 18' 15.0" E 109° 37' 36.6"	327
YDHP09	西应桥	N 26° 14' 31.5" E 109° 45' 29.0"	347	YDHP20	晒口水库	N 26° 17' 18.8" E 109° 35' 43.2"	369
YDHP10	地朗坪桥	N 26° 14' 49.6" E 109° 44' 53.3"	348	YDHP21	县溪大桥	N 26° 18' 57.6" E 109° 37' 39.2"	325
YDHP11	山脚岩桥	N 26° 15' 45.4" E 109° 44' 27.2"	344	YDHP22	江 口	N 26° 21' 39.6" E 109° 40' 00.2"	331

注：——表示无小地名。

4.4.2 调查结果

4.4.2.1 物种组成

自2015年至今，玉带河湿地公园历经6年的鸟类本底资源调查与监测，目前，公园内共记录鸟类17目57科188种（附录Ⅴ）。在目级分类阶元（表4-4），通道玉带河国家湿地公园中雀形目鸟类占绝对优势，有32科98种，占公园内鸟类物种数的52.13%；其次为鸻形目，5科15种，占公园内鸟类物种数的7.98%。在科级分类阶元上（表4-5），以15种鹬科鸟类具有明显优势，占公园内鸟类物种数的7.98%；其次为12种鹰科鸟类，占公园内鸟类物种数的6.38%。

表4-4　湖南通道玉带河国家湿地公园鸟类各目物种组成一览表

目	科数	种数（占比%）	东洋界	古北界	广布种	留鸟	夏候鸟	冬候鸟	旅鸟
鸡形目	1	5（2.660）	4	0	1	5	0	0	0
雁形目	1	9（4.787）	1	8	0	0	1	6	2
䴙䴘目	1	1（0.532）	1	0	0	1	0	0	0
鸽形目	1	2（1.064）	1	1	0	2	0	0	0
夜鹰目	2	2（1.064）	1	0	1	0	2	0	0
鹃形目	1	5（2.660）	4	0	1	0	5	0	0
鹤形目	2	4（2.127）	1	2	1	0	2	1	1
鸻形目	5	15（7.979）	2	11	2	1	2	7	5
鲣鸟目	1	1（0.532）	0	0	1	0	0	1	0
鹈形目	1	8（4.255）	6	1	1	3	3	2	0
鹰形目	1	12（6.383）	7	5	0	5	0	4	3
鸮形目	2	6（3.191）	5	0	1	6	0	0	0
犀鸟目	1	1（0.532）	0	0	1	1	0	0	0
佛法僧目	2	5（2.660）	2	0	3	2	3	0	0
啄木鸟目	2	10（5.319）	7	3	0	8	0	1	1
隼形目	1	4（2.127）	0	3	1	2	0	2	0
雀形目	32	98（52.128）	62	29	7	59	17	16	6
合计	57	188	104	63	21	95	35	40	18

表4-5　湖南通道玉带河国家湿地公园鸟类各科物种组成一览表

科名	种数（占比%）	东洋界	古北界	广布种	留鸟	夏候鸟	冬候鸟	旅鸟
1 雉科	5（2.660）	4	0	1	5	0	0	0
2 鸭科	9（4.787）	1	8	0	0	1	6	2
3 䴙䴘科	1（0.532）	1	0	0	1	0	0	0

续表

科名	种数（占比%）	东洋界	古北界	广布种	留鸟	夏候鸟	冬候鸟	旅鸟
4 鸠鸽科	2（1.064）	1	1	0	2	0	0	0
5 夜鹰科	1（0.532）	1	0	0	0	1	0	0
6 雨燕科	1（0.532）	0	0	1	0	1	0	0
7 杜鹃科	5（2.660）	4	0	1	0	5	0	0
8 鹤科	1（0.532）	0	1	0	0	0	0	1
9 秧鸡科	3（1.596）	1	1	1	0	2	1	0
10 反嘴鹬科	1（0.532）	0	0	1	0	0	0	1
11 鸻科	3（1.596）	0	2	1	0	1	2	0
12 鹬科	8（4.255）	0	8	0	0	0	5	3
13 三趾鹑科	1（0.532）	1	0	0	1	0	0	0
14 鸥科	2（1.064）	1	1	0	0	1	0	1
15 鸬鹚科	1（0.532）	0	0	1	0	0	1	0
16 鹭科	8（4.255）	6	1	1	3	3	2	0
17 鹰科	12（6.383）	7	5	0	5	0	4	3
18 鸱鸮科	5（2.660）	4	0	1	5	0	0	0
19 草鸮科	1（0.532）	1	0	0	1	0	0	0
20 戴胜科	1（0.532）	0	0	1	1	0	0	0
21 蜂虎科	1（0.532）	1	0	0	0	1	0	0
22 翠鸟科	4（2.127）	1	0	3	2	2	0	0
23 拟啄木鸟科	2（1.064）	2	0	0	2	0	0	0
24 啄木鸟科	8（4.255）	5	3	0	6	0	1	1
25 隼科	4（2.127）	0	3	1	2	0	2	0
26 黄鹂科	1（0.532）	1	0	0	0	1	0	0
27 山椒鸟科	2（1.064）	2	0	0	1	1	0	0
28 卷尾科	2（1.064）	2	0	0	0	2	0	0

续表

科名	种数（占比%）	东洋界	古北界	广布种	留鸟	夏候鸟	冬候鸟	旅鸟
29 王鹟科	1（0.532）	1	0	0	0	1	0	0
30 伯劳科	4（2.127）	4	0	0	2	2	0	0
31 鸦科	6（3.191）	3	2	1	6	0	0	0
32 玉鹟科	1（0.532）	1	0	0	0	1	0	0
33 山雀科	2（1.064）	1	0	1	2	0	0	0
34 百灵科	1（0.532）	1	0	0	1	0	0	0
35 扇尾莺科	2（1.064）	2	0	0	2	0	0	0
36 苇莺科	2（1.064）	0	1	1	0	2	0	0
37 燕科	2（1.064）	0	2	0	0	2	0	0
38 鸭科	6（3.191）	6	0	0	6	0	0	0
39 柳莺科	6（3.191）	3	3	0	0	3	1	2
40 树莺科	2（1.064）	2	0	0	2	0	0	0
41 长尾山雀科	1（0.532）	1	0	0	1	0	0	0
42 莺鹛科	1（0.532）	1	0	0	1	0	0	0
43 绣眼鸟科	4（2.127）	3	1	0	3	0	1	0
44 林鹛科	3（1.596）	3	0	0	3	0	0	0
45 幽鹛科	1（0.532）	1	0	0	1	0	0	0
46 噪鹛科	5（2.660）	5	0	0	5	0	0	0
47 河乌科	1（0.532）	1	0	0	1	0	0	0
48 椋鸟科	3（1.596）	2	1	0	2	0	1	0
49 鸫科	4（2.127）	0	3	1	1	0	1	2
50 鹟科	15（7.979）	10	4	1	9	2	3	1
51 叶鹎科	1（0.532）	1	0	0	1	0	0	0
52 花蜜鸟科	1（0.532）	1	0	0	1	0	0	0
53 梅花雀科	2（1.064）	2	0	0	2	0	0	0

续表

科名	种数（占比%）	东洋界	古北界	广布种	留鸟	夏候鸟	冬候鸟	旅鸟
54雀科	2（1.064）	1	0	1	2	0	0	0
55鹡鸰科	6（3.191）	0	5	1	2	0	3	1
56燕雀科	3（1.596）	1	2	0	1	0	2	0
57鹀科	5（2.660）	0	5	0	1	0	4	0
合计	188	104	63	21	95	35	40	18

4.4.2.2　居留型

根据湖南玉带河湿地公园鸟类的居留状况并结合相关文献分析，确定了所记录的188种鸟类的居留型（附录Ⅴ），其中留鸟有95种，占公园内鸟类物种数的50.53%；夏候鸟有35种，占公园内鸟类物种数的18.62%；冬候鸟有40种，占公园内鸟类物种数的21.28%；旅鸟有18种，占公园内鸟类物种数的9.57%。可见，留鸟是公园内鸟类群落的优势类群，而候鸟资源涉及夏候鸟、冬候鸟和旅鸟的物种数在公园内鸟类群落中的比例达49.47%，略低于留鸟，成为湿地公园内非常重要的鸟类类群。恰恰反映了玉带河湿地公园在保护迁徙鸟类中的重要地位。

4.4.2.3　动物区系

根据张荣祖（2011）的动物地理区划，玉带河湿地公园陆生脊椎动物动物地理区划属于东洋界、中印亚界、华中区、西部山地高原亚区。调查发现鸟类群落中的东洋界物种占明显优势（附录Ⅴ），物种数达104种，占公园内鸟类物种数的55.32%；古北界物种63种，占公园内鸟类物种数的33.51%；广布种21种，占公园内鸟类物种数的11.17%。可见，该区华中区区系成分明显，鸟类区系形成南北混杂、东西渗透的格局，过渡性特征明显。

4.4.2.4　珍稀保护物种

（1）国家与地方重点保护野生动物

玉带河湿地公园现已记录的188种鸟类中属国家重点保护野生动物的有37种（附录Ⅴ、图4-10），占公园内鸟类物种数的19.68%。其中，国家一级重点保护野生动物2种，即白颈长尾雉（Syrmaticus ellioti）和中华秋沙鸭（Mergus squamatus）；国家二级重点保护野生动物35种，如白鹇（Lophura nycthemera）、红腹锦鸡（Chrysolophus pictus）、鸳鸯（Aix galericulata）、小天鹅（Cygnus columbianus）、棉凫（Nettapus coromandelianus）、褐翅鸦鹃（Centropus sinensis）、灰鹤（Grus grus）、黑翅鸢（Elanus caeruleus）、蛇雕（Spilornis cheela）、林雕（Ictinaetus malaiensis）、黑冠鹃隼（Aviceda leuphotes）、褐冠鹃隼（Aviceda jerdoni）、黑鸢（Milvus migrans）、白尾鹞（Circus cyaneus）、日本松雀鹰（Accipiter gularis）、松雀鹰

（*Accipiter virgatus*）、雀鹰（*Accipiter nisus*）、灰脸鵟鹰（*Butastur indicus*）、普通鵟（*Buteo japonicus*）、领角鸮（*Otus lettia*）、红角鸮（*Otus sunia*）、褐林鸮（*Strix leptogrammica*）、领鸺鹠（*Glaucidium brodiei*）、斑头鸺鹠（*Glaucidium cuculoides*）、草鸮（*Tyto longimembris*）、蓝喉蜂虎（*Merops viridis*）、白胸翡翠（*Halcyon smyrnensis*）、红隼（*Falco tinnunculus*）、红脚隼（*Falco amurensis*）、燕隼（*Falco subbuteo*）、灰背隼（*Falco columbarius*）、红胁绣眼鸟（*Zosterops erythroplerus*）、画眉（*Garrulax canorus*）、红嘴相思鸟（*Leiothrix lutea*）、白喉林鹟（*Cyornis brunneatus*）。

白颈长尾雉 *Syrmaticus ellioti* 雄鸟（国家一级）　　　白鹇 *Lophura nycthemera*（国家二级）

红腹锦鸡 *Chrysolophus pictus* 雄鸟 / 雌鸟（国家二级）

中华秋沙鸭 *Mergus squamatus* 雄鸟 / 雌鸟（国家一级）

鸳鸯 *Aix galericulata*（国家二级）

鸳鸯在玉带河繁殖的个体

灰鹤 *Grus grus* 亚成鸟（国家二级）

褐翅鸦鹃 *Centropus sinensis*（国家二级）

黑翅鸢 *Elanus caeruleus*（国家二级）

日本松雀鹰 *Accipiter gularis*（国家二级）

图4-10　湖南通道玉带河国家湿地公园记录的国家重点保护鸟类代表物种

蛇雕 *Spilornis cheela*（国家二级）

林雕 *Ictinaetus malaiensis*（国家二级）

褐冠鹃隼 *Aviceda jerdoni*（国家二级）

黑鸢 *Milvus migrans*（国家二级）

草鸮 *Tyto longimembris*（国家二级）

褐林鸮 *Strix leptogrammica*（国家二级）

棉凫 *Nettapus coromandelianus*（国家二级）

白胸翡翠 *Halcyon smyrnensis*（国家二级）

红胁绣眼鸟 *Zosterops erythropleurus*（国家二级）

画眉 *Garrulax canorus*（国家二级）

红嘴相思鸟 *Leiothrix lutea*（国家二级）

白喉林鹟 *Cyornis brunneatus*（国家二级）

图4-10　湖南通道玉带河国家湿地公园记录的国家重点保护鸟类代表物种

另有127种鸟类属于"国家保护的有益的或者有重要经济、科学研究价值的鸟类"，占公园内鸟类物种数的67.55%。有89种鸟类属湖南省地方重点保护物种，占公园内鸟类物种数的47.34%。

（2）中国特有种

特有种（endemic species）是有关物种的地理分布和起源进化研究的一个名词术语，是指在地理分布上只局限于某一特定地区，而不见于其他地区的物种。中国鸟类特有种的确定依据《中国鸟类分类与分布名录》（第三版）确认的中国鸟类特有种名录，在玉带河湿地公园内记录到的鸟类中有中国特有种5种（附录Ⅴ），即灰胸竹鸡（*Bambusicola thoracicus*）、白颈长尾雉、红腹锦鸡、黄腹山雀（*Parus venustulus*）和乌鸫（*Turdus mandarinus*），占公园内鸟类物种数的2.66%。

（3）濒危物种红色名录

根据IUCN濒危物种红色名录（2017），玉带河湿地公园内记录到的鸟类中有1种鸟类属濒危（EN）物种（附录Ⅴ），即中华秋沙鸭；有2种属易危（VU）物种，即白颈鸦（*Corvus pectoralis*）和白喉林鹟（*Rhinomyias brunneatus*）；有1种属近危（NT）物种，即白颈长尾雉；其他鸟类均属无危（LC）物种。

另据中国脊椎动物红色名录（2016），玉带河湿地公园内记录到的鸟类中有1种鸟类属濒危（EN）物种（附录Ⅴ），即中华秋沙鸭；有3种属易危（VU）物种，即白颈长尾雉、林雕和白喉林鹟；有15种属近危（NT）物种，即红腹锦鸡、鸳鸯、小天鹅、灰鹤、黑翅鸢、蛇雕、褐冠鹃隼、白尾鹞、灰脸𫛭鹰、褐林鸮、红脚隼、灰背隼、寿带（*Terpsiphone paradisi*）、白颈鸦和画眉（*Garrulax canorus*）；有1种属数据缺乏（DD）物种，濒危等级尚不明确；其他鸟类均属无危（LC）物种。

（4）国际公约保护候鸟

根据《国际濒危动植物种国际贸易公约》（CITES，2017），玉带河湿地公园内记录到的鸟类中白颈长尾雉被列入附录Ⅰ，灰鹤、鹰形目、鸮形目、隼形目、画眉和红嘴相思鸟等25种鸟类被列入附录Ⅱ，占公园内鸟类物种数的13.30%。另有56种鸟类被列入《中华人民共和国政府和日本国政府保护候鸟及其栖息环境的协定》，占公园内鸟类物种数的29.79%；有15种鸟类被列入《中华人民共和国政府和澳大利亚政府保护候鸟及其栖息环境的协定》，占公园内鸟类物种数的7.98%（附录Ⅴ）。

（5）本地新纪录种

林雕和叽喳柳莺（*Phylloscopus collybita*）属湖南省鸟类新纪录种（尚未发表），白眉棕啄木鸟（*Sasia ochracea*）和黑眉拟啄木鸟（*Megalaima oorti*）属在通道县境内发表的湖南省新纪录种。

2015年，玉带河湿地公园开始批建初期，鸟类初步调查记录了鸟类16目42科123种，随后历经5年的鸟类监测，陆续发现了65种该湿地公园的鸟类新纪录种（附录Ⅴ、图4-11），如：豆雁（*Anser fabalis*）、棉凫、白眉鸭（*Anas querquedula*）、红头潜鸭（*Aythya ferina*）、中华秋沙鸭、小白腰雨燕（*Apus nipalensis*）、噪鹃（*Eudynamys scolopacea*）、褐翅鸦鹃、白骨顶（*Fulica atra*）、黑翅长脚鹬（*Himantopus himantopus*）、灰翅浮鸥（*Chlidonias hybrida*）、丘鹬（*Scolopax rusticola*）、鹤鹬（*Tringa erythropus*）、泽鹬（*Tringa stagnatilis*）、黄脚三趾鹑（*Turnix tanki*）、红嘴鸥（*Larus ridibundus*）、中白鹭（*Egretta intermedia*）、黄斑苇鳽（*Ixobrychus sinensis*）、黑翅鸢、林雕、褐冠鹃隼、蛇雕、松雀鹰、灰脸𫛭鹰、普通𫛭、草鸮、白胸翡翠、大拟啄木鸟（*Megalaima virens*）、黑眉拟啄木鸟、蚁䴕（*Jynx torquilla*）、白眉棕啄木鸟、棕腹啄木鸟（*Dendrocopos hyperythrus*）、星头啄木鸟（*Dendrocopos canicapillus*）、黄嘴栗啄木鸟（*Blythipicus pyrrhotis*）、燕隼、黑枕黄鹂（*Oriolus chinensis*）、树鹨（*Anthus hodgsoni*）、灰喉山椒鸟（*Pericrocotus solaris*）、虎纹伯劳（*Lanius tigrinus*）、黑卷尾（*Dicrurus macrocercus*）、灰树鹊（*Dendrocitta formosae*）、喜鹊（*Pica pica*）、大嘴乌鸦（*Corvus macrorhynchos*）、白喉林鹟、寿带（*Terpsiphone paradisi*）、黄腹山鹪莺（*Prinia flaviventris*）、东方大苇莺（*Acrocephalus orientalis*）、黑眉苇莺（*Acrocephalus bistrigiceps*）、白喉红臀鹎（*Pycnonotus aurigaster*）、褐柳莺（*Phylloscopus fuscatus*）、冠纹柳莺（*Phylloscopus reguloides*）、叽喳柳莺、黑眉柳莺（*Phylloscopus ricketti*）、黑头奇鹛（*Heterophasia desgodinsi*）、蓝矶鸫（*Monticola solitarius*）、橙腹叶鹎（*Chloropsis hardwickii*）、黄鹡鸰（*Motacilla flava*）、黄头鹡鸰（*Motacilla citreola*）、义尾太阳鸟（*Aethopyga christinae*）、斑文鸟（*Lonchura punctulata*）、黄喉鹀（*Emberiza elegans*）、黄眉鹀（*Emberiza chrysophrys*）等鸟类。

　　此外，2017年5月和2018年6月，玉带河湿地公园野生动物监测人员分别在玉带河湿地公园内观测到野生鸳鸯繁殖对及幼鸟。经查阅文献，确认为湖南省境内野生鸳鸯繁殖的首例实证，同时也为该物种在南方省份繁殖点增加了新纪录。这一新发现已经撰写成论文"湖南首次记录到野生鸳鸯繁殖"并发表在《野生动物学报》。

凤头潜鸭 *Aythya fuligula*

红头潜鸭 *Aythya ferina*

图4-11　湖南通道玉带河国家湿地公园鸟类新纪录代表物种

绿翅鸭 *Anas crecca*

灰翅浮鸥 *Chlidonias hybrida*

鹤鹬 *Tringa erythropus*

泽鹬 *Tringa stagnatilis*

黄斑苇鳽 *Ixobrychus sinensis*

中白鹭 *Egretta intermedia*

白眉鸭 *Anas querquedula*

白骨顶 *Fulica atra*

黑翅长脚鹬 *Himantopus himantopus*

红嘴鸥 *Larus ridibundus*

图4-11　湖南通道玉带河国家湿地公园鸟类新纪录代表物种

（6）生态类群

按照鸟类形态结构与行为特征，鸟类可划分为走禽、游禽、涉禽、猛禽、陆禽、攀禽和鸣禽七大生态类群，我国分布的鸟类分属于后六种生态类群，我国没有走禽分布。通过对玉带河湿地公园鸟类生态类群组成（表4-6、附录Ⅴ）分析可知，我国分布的六大鸟类生态类群在公园内均有分布，其中游禽包括雁形目、䴙䴘目、鲣鸟目和鸻形目鸥科的鸟类，共计13种，占公园内鸟类物种数的6.915%；涉禽包括鹤形目、鸻形目（除鸥科外）和鹈形目的鸟类，共计25种，占公园内鸟类物种数的13.298%；陆禽包括鸡形目和鸽形目的鸟类，共计7种，占公园内鸟类物种数的3.723%；攀禽包括夜鹰目、鹃形目、犀鸟目、佛法僧目和啄木鸟目的鸟类，共计23种，占公园内鸟类物种数的12.234%；猛禽包括鹰形目、鸮形目和隼形目的鸟类，共计22种，占公园内鸟类物种数的11.702%；鸣禽包括雀形目所有鸟类，共计98种，占公园内鸟类物种数的52.128%。

表4-6　湖南通道玉带河国家湿地公园鸟类各生态类群比较

生态类群	游禽	涉禽	陆禽	攀禽	猛禽	鸣禽
种　数	13	25	7	23	22	98
百分比/%	6.915	13.298	3.723	12.234	11.702	52.128

此外，湿地公园中的游禽、涉禽和攀禽中的翠鸟科鸟类属湿地水鸟，共计42种鸟类，占公园内鸟类物种数的22.34%；其余鸟类归属林鸟，共计146种鸟类，占公园内鸟类物种数的77.66%。因此，水鸟与林鸟的比例为1∶3.5。可见，林鸟为该区鸟类群落中的优势类群，这与玉带河湿地公园鸟类栖息地的特征相符。

（7）优势度分析

根据实地调查结果，现将玉带河湿地公园记录的188种鸟类按遇见率划分为3种资源优势型（附录Ⅴ），即优势种、常见种或普通种、稀有种或少见种。其中优势种有小䴙䴘、山斑鸠、白鹭、池鹭、夜鹭、斑姬啄木鸟、黑卷尾、棕背伯劳、大山雀、金腰燕、白头鹎、强脚树莺、暗绿绣眼鸟等51种鸟类，占公园鸟类物种数的27.13%；常见种有灰胸竹鸡、白眉鸭、大鹰鹃、黑水鸡、灰头麦鸡、矶鹬、苍鹭、领角鸮、普通翠鸟、黑眉拟啄木鸟、灰喉山椒鸟等59种，占公园鸟类物种数的31.18%；稀有种有白鹇、红腹锦鸡、鸳鸯、中华秋沙鸭、褐翅鸦鹃、灰鹤、红嘴鸥、普通鸬鹚、蛇雕、草鸮等78种，占公园鸟类物种数的41.49%。

4.5　兽类

4.5.1　调查方法

兽类调查同样采用定性调查与定量调查相结合的方法。定性调查以样带观测和访问调查为主，定量调查以铗日法和红外相机自动拍摄法调查为主。

4.5.1.1　样带法

选择晴朗无风的天气，大雾、大雨、大风等天气除外。调查人员沿固定样带行走，速度为1～2 km/h，观察、记录样带两侧和前方看到或听到的兽类数量、足迹与粪便，并拍摄兽类及其生境照片。

4.5.1.2　访问调查法

针对兽类样带调查过程中遇见率低的情况，对湿地公园及周边社区居民，尤其是当地老猎户和护林员进行访问调查，并对周边农贸市场和餐馆进行调查。以掌握更多的兽类分布信息。

4.5.1.3　铗日法

铗日法主要针对鼠类等小型啮齿类动物的调查，铗日是指一个铗铗（或鼠笼）放置一昼夜（或一夜）的捕获单位（图4-12）。统计结果的整理采用每100铗日的捕获数，即捕获率指标（%）。在湿地公园沿岸不同植被类型内，每个季度设置调查样地，每个样地设置1个样方面积为100 m²，放置10副铗铗，计算捕获率。

图4-12　湖南通道玉带河国家湿地公园兽类调查工作——铗日法

4.5.1.4　红外相机自动拍摄法

根据兽类活动习性，目前使用红外相机自动拍摄法进行兽类调查已经成为一种非常行之有效的调查方法。首先对兽类的活动区域和日常活动路线进行调查，在此基础上将照相机安置在兽类经常出没的通道或者活动密集区域。依据分层抽样或系统抽样法设置红外观测设备，每个生境类型下设置不少于5个观测点。根据设备供电情况，应定期巡视样点并及时更换调离，调试设备，下载数据。记录各样点拍摄到的兽类的数量、种类等信息。

4.5.2　调查结果

4.5.2.1　物种组成

通过实地调查、访问调查并结合相关文献，玉带河湿地公园及周边现已记录兽类29种，隶属于6目16科（附录Ⅵ、图4-13），其中，劳亚食虫目3科3种，翼手目3科6种，食肉目3科8种，鲸偶蹄目2科3种，啮齿目4科8种和兔形目1科1种。此次调查另新增公园兽类新纪录种3种，即黄腹鼬（*Mustela Kathiah*）、猪獾（*Arctonyx collaris*）、斑林狸（*Prionodon pardicolor*）。

鼬獾 *Melogale moschata*

果子狸 *Paguma larvata*

毛冠鹿 *Elaophodus cephalophus*

隐纹花松鼠 *Tamiops swinhoei*

图4-13　湖南通道玉带河国家湿地公园兽类代表物种

4.5.2.2　区系分析

根据张荣祖（2011）的动物地理区划，玉带河湿地公园陆生脊椎动物动物地理区划属于东洋界、中印亚界、华中区、西部山地高原亚区。在收录的29种兽类中，东洋界物种占绝对优势有21种，占公园兽类物种数的72.41%；古北界物种有1种，占公园兽类物种数的3.45%；广布种7种，占公园兽类物种数的24.14%。

4.5.2.3　珍稀濒危物种

（1）国家重点保护野生动物

玉带河湿地公园及周边现已记录的29种兽类中，有1种兽类属国家一级重点保护野生动物，即小灵猫（*Viverricula indica*），有3种兽类属国家二级重点保护野生动物，即斑林狸（*Prionodon pardicolor*）、豹猫（*Prionailurns benalensis*）和毛冠鹿（*Elaophodus cephalophus*）。

此外，另有15种兽类属国家保护的有益的或者有重要经济、科学研究价值的陆生野生动物，占公园兽类物种数的51.72%。

（2）中国特有种

玉带河湿地公园及周边现已记录的29种兽类中，有1种兽类属中国特有种，即小麂（*Muntiacus reevesi*）。

（3）濒危物种红色名录

根据IUCN濒危物种红色名录（2017），玉带河湿地公园及周边记录到的兽类中有1种属近危（NT）物种，即毛冠鹿（*Elaophodus cephalophus*）；其他兽类均属无危（LC）物种。

另据中国脊椎动物红色名录（2016），玉带河湿地公园及周边记录到的兽类中有5种属易危（VU）物种，即小灵猫、斑林狸、豹猫（*Prionailurus bengalensis*）、毛冠鹿和小麂；有5种属近危（NT）物种，即普氏蹄蝠（*Hipposideros pratti*）、黄腹鼬、猪獾、鼬獾（*Melogale moschata*）和果子狸（*Paguma larvata*）；其他兽类均属无危（LC）物种。

（4）国际公约保护物种

根据《国际濒危动植物种国际贸易公约》（CITES，2017），玉带河湿地公园及周边记录到的兽类中斑林狸被列入附录Ⅰ，豹猫被列入附录Ⅱ，黄腹鼬、黄鼬（*Mustela sibirica*）、小灵猫和果子狸被列入附录Ⅲ。

（5）地方重点保护物种

玉带河湿地公园及周边记录到的兽类中有22种兽类属湖南省地方重点保护物种，占公园兽类物种数的75.86%。

4.6　野生动物资源评价

4.6.1　野生动物资源丰富，珍稀保护物种占比高

目前，玉带河湿地公园及周边已记录野生脊椎动物325种，隶属30目97科。其中，有42种脊椎动物属国家重点保护野生动物，占湿地公园脊椎动物物种数的12.92%。其中，国家一级重点保护野生动物3种，国家二级重点保护野生动物39种。除了国家重点保护野生动物外，还记录有196种脊椎动物属国家保护的有益的或者有重要经济、科学研究价值的陆生野生动物，占湿地公园脊椎动物物种数的60.31%；162种脊椎动物属湖南省地方重点保护野生动物，占湿地公园脊椎动物物种数的49.85%；33种脊椎动物属中国特有种，占湿地公园野生脊椎动物物种数的10.15%。另据《世界自然保护联盟濒危物种红色名录》，湿地公园有2种脊椎动物濒危等级属濒危（EN），4种脊椎动物属易危（VU），5种脊椎动物属近危（NT）；根据《中国脊椎动物红色名录》，湿地公园有7种脊椎动物濒危等级属濒危（EN），16种脊椎动物属易危（VU），26种脊椎动物属近危（NT）。湿地公园还有34种脊椎动物被列入《濒危野生动植物种国际贸易公约》附录，其中2种脊椎动物被列入附录Ⅰ，28种脊椎动物被列入附录Ⅱ，4种脊椎动物被列入附录Ⅲ。

此外，另有56种鸟类被列入《中华人民共和国政府和日本国政府保护候鸟及其栖息环境的协定》，占湿地公园鸟类物种数的29.79%；有15种鸟类被列入《中华人民共和国政府和澳大利

亚政府保护候鸟及其栖息环境的协定》，占湿地公园鸟类物种数的7.98%。

综上统计，如果按照玉带河湿地公园单位湿地面积平均分布的物种数计算，在湿地公园范围内物种分布的密度可达33种/km²，国家级重点保护野生动物的分布密度约为4种/km²，中国特有种的分布密度约为3种/km²，国家保护的有益的或者有重要经济、科学研究价值的陆生野生动物分布密度约为20种/km²，湖南省地方重点保护野生动物分布密度约为16种/km²，依次计算可表明，玉带河湿地公园成为当地重要的野生动物物种基因库和庇护所。

4.6.2　野生动物区系过渡性特征明显，迁徙驿站与生态廊道功能强

玉带河湿地公园所在的通道县地处湖南省西南边陲，既是"八十里南山""九万大山"和云贵高原和雪峰山等四大山系的连接地，又是珠江水系支流浔水和长江水系沅水支流渠水的分水岭和发源地，独特的地理区位和优越的生态环境，十分有利于野生动物在区域内的迁徙与扩散。根据中国动物地理区划，玉带河湿地公园陆生脊椎动物动物地理区划属于东洋界、中印亚界华中区西部山地高原亚区，并邻近华中区东部丘陵平原亚区和华南区南岭山地亚区。湿地公园记录的273种陆生脊椎动物区系分析，东洋界物种有172种，占湿地公园陆生脊椎动物物种数的63.00%；古北界物种有64种，占湿地公园陆生脊椎动物物种数的23.45%；广布种有37种，占湿地公园陆生脊椎动物物种数的13.55%。可见，湿地公园陆生脊椎动物中东洋界物种占优势地位，但也显示出了区系南北混杂，东西渗透的格局，过渡性特征明显。

另据中国淡水鱼类地理区划，湿地公园鱼类区系属于东洋界华东区江淮亚区，其中华东区和华南区特有种均为4种，华东华南区共有物种有14种，华西华东区共有物种有4种，广泛分布于华西区、华东区和华南区的物种有5种，广泛分布于北方区、华东区和华南区的物种有6种，广泛分布于北方区、华西区、华东区和华南区的物种有2种，广泛分布于北方区、宁蒙区、华东区和华南区的物种有1种，广泛分布于各区的广布种有11种。可见，鱼类区系具有典型的东洋界华东区江淮亚区的特征，又具有南北混杂、东西渗透的特点。

此外，作为湿地公园脊椎动物物种数最多的类群——鸟类，现已记录188种，根据鸟类居留型分析，可知湿地公园有留鸟95种，占湿地公园鸟类物种数的50.53%；有夏候鸟35种，占湿地公园鸟类物种数的18.62%；有冬候鸟40种，占湿地公园鸟类物种数的21.28%；有旅鸟18种，占湿地公园鸟类物种数的9.57%。虽然留鸟是湿地公园鸟类群落的优势类群，但候鸟资源涉及夏候鸟、冬候鸟和旅鸟的物种数在湿地公园鸟类群落中的比例达49.47%，略低于留鸟，成为湿地公园非常重要的鸟类类群。恰恰反映了玉带河湿地公园在保护迁徙鸟类中的重要地位，这与湿地公园所处的特殊地理区位相关，湿地公园成为候鸟迁徙途中的重要驿站和中停地。又因湿地公园所在渠水大致走向呈南北方向，其所在雪峰山脉又是湘西传统候鸟迁徙路线，湿地公园建设与保护可以起到保护区域内候鸟迁徙路线上的生态廊道衔接与通畅，湿地公园内建有1处湖南省候鸟迁徙保护监测站，为迁徙期过境通道县的候鸟资源提供充分的保护。

4.6.3 野生动物栖息环境优越，典型生态指示物种较多

玉带河湿地公园属河流型湿地公园，玉带河系渠水上游水系，河道自上游河水由山涧溪流汇集至下游，水面由窄至宽，由急流至缓流，具有一定的海拔落差，因通道境内雨量充沛，空气湿度大。玉带河各河段均有大小支流汇入。因此，湿地公园水源充沛、水质优良、河流沿岸及周边森林植被生长繁茂，不仅适宜水生生物栖息，也非常适宜森林野生动物到湿地公园饮水、觅食和栖息。根据现已记录的325种野生脊椎动物中，有52种鱼类、22种两栖类、部分爬行类（如乌华游蛇、银环蛇）和42种湿地水鸟的栖息活动均依赖湿地环境，与森林野生动物比例约为1∶1.8。在这些脊椎动物中鱼类作为典型的水生动物，成为湿地环境质量的重要生态指示物种之一。调查显示，玉带河湿地公园特殊的地形地貌与气候水文条件滋养了丰富的鱼类资源，现已记录的52种鱼类，占湖南省鱼类总物种数的28.57%。其中以四川半䱗、䱗、宽鳍鱲、马口鱼、尖头鱥、中华倒刺鲃、高体鳑鲏、中华鳑鲏、棒花鱼、麦穗鱼、蛇鮈、银鮈、泥鳅、黄鳝、黄颡鱼、中华沙塘鳢、小黄黝鱼等中、小体型的适应江河上游急流溪河型鱼类和缓流溪河型鱼类为主，伍氏华鳊、翘嘴鲌、黄尾鲴、青鱼、草鱼、鲢、鳙、花鳕、鲤鱼、鲇、乌鳢、斑鳢等鱼类为中、大体型的鱼类资源量也较为丰富。上述鱼类资源大部分具有较高的潜在经济价值，同时作为其他野生动物天然食源，对于维持区域生态系统食物网的完整性具有关键作用。此外，两栖类和部分爬行类动物的多样性也在一定程度上与湿地环境质量密切相关，目前玉带河湿地公园记录的两栖、爬行动物虽然物种丰富度不是很高，但物种的生态类型比较齐全，区域典型物种相对资源量较为丰富，如花臭蛙、棘腹蛙、棘胸蛙等适宜上游清澈水域栖息的物种，可成为湿地水质与环境质量的重要生态指示物种之一。

上述两类严重依赖湿地环境栖息的水生脊椎动物对于维系湿地公园众多的湿地野生动物多样性发挥着不可替代的作用，尤其是对于湿地水鸟的栖息意义重大。水鸟作为湿地的主要消费者，在检测湿地环境状况的指示剂、湿地生物多样性和反映湿地环境健康状况的研究中经常凭借水鸟的种类和数量来作为最具典型的生态指示物种。根据调查显示，湿地公园内栖息的鸊鷉类、秋沙鸭类、鹭类、鹤类、秧鸡类、鸻鹬类、翠鸟类等类群的鸟类均偏好以鱼类为主要食源。而众多水鸟中，雁鸭类、鹭类、秧鸡类、鸻鹬类是最具代表性的湿地生态环境质量指示物种，尤其是中华秋沙鸭、鸳鸯、灰鹤等珍稀物种在湿地公园的分布，成为湿地公园优良的生态环境质量最好的证明。

4.6.4 野生动物新纪录种发现概率大，科学研究与保护宣教价值高

通道县由于地处三省交界的边陲地带，野生动物资源相当丰富，对于县域内的野生动物资源本底调查尚有待深入挖掘。根据近6年通道县脊椎野生动物调查显示，以鸟类为例，已在通道县发现了黑眉拟啄木鸟和白眉棕啄木鸟属湖南省鸟类新纪录种。玉带河湿地公园依托通道县特殊的地理区位与优越的生态环境，拥有极大的容纳丰富的野生动物资源的巨大潜力。根据此次调查

结果显示，较2015年玉带河湿地公园申报试点建设时的调查结果，现已新增湿地脊椎动物新纪录99种，其中鱼类新增11种，两栖动物新增5种，爬行动物新增15种，鸟类新增65种，兽类新增3种。并且在新增的鸟类中，林雕和叽喳柳莺为湖南省鸟类新纪录种（尚未公开发表），并且监测人员在湿地公园内观测到野生鸳鸯繁殖对及幼鸟，成为湖南首次记录到的野生鸳鸯繁殖现象。

随着玉带河湿地公园建设与保护力度的加强，湿地生态环境日益改善，人为干扰因素大幅减少，湿地公园对于野生动物的吸纳能力逐渐增强。鉴于此次调查工作尚处于短期年度调查，调查结果尚不足以彻底反映湿地公园脊椎动物资源的全貌，未来伴随湿地公园年度资源监测工作的加强，可预期将还会有新纪录种的发现。因此，持续深入的野生动物资源调查与监测，不仅可以极大地促进湿地公园对野生动物资源的保护与科普宣教活动，也极大地激发了科研人员与野生动物摄影爱好者们对发现新物种的积极性与热情。

4.7　野生动物保护建议

4.7.1　持续加强保护宣教力度，助力本地生态文明建设

玉带河湿地公园处于沅江支流渠水的上游河段，流经众多村镇。由于通道县属全国贫困县，历史上沿岸居民大多依靠河流维持生计，"靠山吃山、靠水吃水"的思想根深蒂固，导致玉带河野生动物资源面临较大的人为干扰压力。因此，成立和建设玉带河湿地公园对于保护当地重要的母亲河生态环境与野生动物资源意义重大，也是积极响应习主席提出的"绿水青山就是金山银山"思想的重大实践，助力生态文明建设事业。

鉴于当地居民对湿地公园水资源及生物资源的利用与湿地公园资源严格保护之间产生的矛盾，作为公园管理部门一方面，要充分利用和维持好现已打造的湿地公园管理信息网站、微信公众号、自然教育学校、科普宣教馆等平台，以及通过报纸、电台、电视台等媒体加强在社区公众中进行湿地保护和野生动物资源保护相关法律、法规、科普知识的宣传，注重保护意识从娃娃抓起、耐心劝导中、老年人自觉参与湿地公园建设与资源保护中来；另一方面，在精准扶贫工作的助力下，湿地公园管理部门积极帮扶和寻求渠道解决公园范围内贫困群众的生计问题，引导对湿地野生动物资源有依赖关系的群众转变生活经营方式，从根本上杜绝社区群众对湿地野生动物资源的索取问题。

4.7.2　定期开展河流水质监测，提升湿地环境质量水平

水资源作为玉带河湿地公园核心资源对于野生动物栖息至关重要，经过近5年湿地公园水环境的综合治理，原来河道采砂现象被终止，部分河道漂浮垃圾、水葫芦生长泛滥、水体富营养化问题得到有效治理，河流沿线生活垃圾、生活废水得到集中处理、晒口水库网箱养鱼面源

污染问题得以解决，湿地公园水质逐渐改善，已由申报试点建设之初的《地表水环境质量标准》GB 3838—2002 Ⅲ类水质明显改善为Ⅱ类水质。此外，经过湿地生态恢复措施，确保了上游水系与湿地公园连通，改善了河道内大型洲滩湿地环境，恢复了河岸湿地植物群落，改善了沿河岸边林相结构，逐步提升了湿地公园野生动物栖息地环境质量。

未来，湿地公园管理部门仍要将河流水质监测做为定期环境监测的一项重要工作，及时发现影响水质变化的生物与非生物因素，制定逐步提升湿地环境质量水平的治理方案。一方面，在越冬期上游河段和下游河段中华秋沙鸭、鸳鸯等雁鸭类集中分布区进行鱼类人工放流和河漫滩种植苔草等水生植物，以满足湿地水鸟对食物的需求；另一方面，在越冬水鸟集中分布区杜绝河岸垂钓人员与游客近距离对水鸟栖息活动的人为干扰。

4.7.3　深入进行野生动物监测，促进资源保护成效评估

玉带河湿地公园野生动物资源调查与监测的实践成果表明，野生动物资源监测是一项需长期坚持的基础性工作，随着监测周期的延长，势必会发现更多的区域新纪录物种，同时对于深入了解湿地公园野生动物群落结构与生态指示物种的种群动态起到支撑作用。未来，此项工作将做为湿地日常资源保护管理工作的重要一环，以自身技术力量为主，并与科研院所与民间野生动物爱好者、志愿者保持密切合作，共同挖掘湿地公园野生动物资源本底。鉴于玉带河湿地公园已积累的丰硕的野生动物资源本底调查成果，再坚持数年后，可以将野生动物资源保护作为良好契机，逐步推进湿地公园资源保护成效评估的研究工作，为探讨河流型湿地公园野生动物资源保护成效评估工作提供评估指标体系框架与研究案例，进而为其他类型湿地公园开展此项工作提供理论依据。

4.7.4　壮大管理保护人才队伍，打造教学科研示范基地

玉带河湿地公园管理中心现有在编人员10人，其中高级工程师3人，工程师5人，工勤人员2人。人才队伍专业技术力量较为雄厚，但面临人员年龄结构偏大的现实问题。未来湿地公园的日常事务管理、资源监测与巡护、科普宣教等诸多方面的工作需要更多的技术人员的参与，为此湿地公园管理部门应向上级主管部门积极申请人员编制，招收具有相关专业学历背景的本科生和研究生加入湿地公园人才队伍中来，打造专业结构与年龄结构合理、热情与激情洋溢的人才队伍。

同时，依托湿地公园丰富的野生动植物资源，积极寻求与科研院所的合作，力争打造多个教学科研示范平台或产、学、研示范基地。一方面，在与专家合作过程中，锻炼和培养自身专业人才队伍，增强自身科研实力和培育科研成果；另一方面，公园管理层应制定利于人才专业技能和职称晋升的相关扶持政策，激励广大中、青年职工在为湿地公园发展建设的实践中，达到提升自身能力与实现人生价值的完美结合。

第五章　旅游资源

5.1　旅游资源调查

根据国家质量监督检验检疫总局颁布的《旅游资源分类、调查与评价》（GB/T 18972 —2017）的要求对玉带河湿地公园旅游资源进行了实地调查、收集、统计和分类。结果表明湿地公园共有旅游资源单体27处，其中包括地文景观、水域风光、生物景观、天象与气候景观、建筑与设施旅游资源6个主类、12个亚类和18个基本类型。六大主类资源中，"F建筑与设施"类的资源单体数量最多，为8个，占到全部资源数量的29.63%；其次是"C生物景观"，为6个，占总风景资源的23.08%。具体资源单体统计见表5-1。

表5-1　旅游资源分类表

主类	亚类	基本类型	单体名称
A 地文景观	AA 综合自然旅游地	AAA 山丘型旅游地	金龟山
		AAB 谷地型旅游地	玉龙湾
B 水域风光	BA 河段	BAA 观光游憩河段	玉龙湾河段
	BB 天然湖泊与池沼	BBB 沼泽与湿地	两江湿地景观、金龟滩
		BBC 潭池	玉龙潭
C 生物景观	CA 树木	CAA 林地	玉带河两岸林地
		CAB 丛树	枫香群落
		CAC 独树	花楸木、闽楠
	CD 野生动物栖息地	CDC 鸟类栖息地	中华秋沙鸭栖息地、鸳鸯栖息地
D 天象与气候景观	DA 光现象	DAA 日月星辰观察地	玉带河日出、日落
	DB 天气与气候现象	DBA 云雾多发区	晨雾玉带河
F 建筑与设施	FA 综合人文旅游地	FAE 文化活动场所	通道转兵纪念馆
	FD 居住地与社区	FDA 传统与乡土建筑	古侗寨
		FDE 书院	恭城书院、中国传统村落——兵书阁村

续表

主类	亚类	基本类型	单体名称
	FF 交通建筑	FFA 桥	民族团结桥、红军桥、浮桥
	FG 水工建筑	FGA 水库观光游憩区段	雁鹅湖
H 人文活动	HC 民间习俗	HCC 民间演艺	侗族芦笙技艺、侗戏、大戊梁歌会、侗族琵琶歌、侗族喉路歌

A 地文景观

AA 综合自然旅游地

AAA 山丘型旅游地

金龟山：位于松柏组与高车组之间的正东方位，海拔 400 m，西部山体部分向外延伸凸出，远远望去，形似一只金龟在玉带河处栖息，故被称为"金龟山"，山间林深茂密，植被丰富，玉带河蜿蜒从山体西部流过，水、林、山给人一种悠悠自然的感觉。

AAB 谷地型旅游地

玉龙湾：位于玉带河的上游，自万佛山——侗寨国家级风景名胜区至瑶坪部分，湿地公园的上半段，河水从山谷蜿蜒而下，从东北到西南，受地形的影响，在此进行了大转弯，远望如龙尾盘于此，被当地人称之为玉龙湾，溪河两岸，翠林满山，密林掩映，鸟语花香，山光水色，浑然一体，更为玉龙湾增添了一份绢秀和俊美。

B 水域风光

BA 河段

BAA 观光游憩河段

玉龙湾河段：处于瑶坪组至高车组之间，全长 3 km，河道最宽处 100 m，最窄处 30 m，枯水季节为 10 月~1 月。溪水在山谷间蜿蜒平缓流淌，仿佛羞怯的小家碧玉在密林中淑着身子，悄悄地走过，为玉带河湿地公园更增添了几分灵动的神韵（图 5-1）。

图 5-1　玉龙湾河段风光图

BB 天然湖泊与池沼

BBB 沼泽与湿地

两江湿地景观：位于玉带河两江口处，为通道河和双江河汇流所形成，面积约 5.42 hm²，水平如镜，清澈见底，倒映着青山，倒映着蓝天，美极了，像一位文静的姑娘，构成了美丽的画卷（图 5-2）。

图5-2 两江湿地景观图

金龟滩：金龟山在玉带河凸出部分由于风化、水流等作用形成滩泽，故称之为金龟滩，植被少，更多的是裸露在外的岩石，在太阳的照射下，闪闪发光，如一颗宝石，点缀着美丽的玉带河，为玉带河增添了几分宝气。

BBC潭池

玉龙潭：位于玉带河的上游，紧邻玉龙湾，水潭面积约为200㎡，深不见底，山水倒映，密林掩映，偶尔一两条小鱼跃出水面，每当艳阳高照时分，在阳光照射下，玉龙潭如一面翠闪的铜镜，装饰着玉带河湿地公园，游人至此，面对美丽的山水，静谧的环境，沉醉其中。

C 生物景观

CA 树木

CAA 林地

玉带河两岸林地：玉带河原名通道河，因鸟瞰若玉带状而更名。发源于城步县八十里南山（大茅坪），全长125 km，贯穿整个湿地公园，玉带河两岸次生林广布，植被茂密，伴随着蜿蜒的河流，如一条翠绿的丝带，装扮着玉带河这个美丽的姑娘（图5-3）。

图5-3 玉带河两岸林地图

CAB 丛树

枫香群落：在玉龙湾一带，发现了一片枫香群落，多达40株，树龄基本都介于100~350年之间，具有较高的科研和观赏价值，经相关部门考察，被列为三级保护古树（图5-4）。

CAC 独树

花榈木：在玉龙湾河段一带，发现了一株国家二级重点保护野生植物花榈木，其树龄经考察已达50年以上，生长状态良好，具有极高的科研价值。

闽楠：在菁芜洲镇江口村湿地公园边发现中国特有种，国家二级珍稀渐危种。闽楠樟科，楠属常绿大乔木，高达25 m，胸径1.56 m，树龄

图5-4　枫香群落图

500年以上，树干通直，树冠浓密，树皮淡黄色，片状剥落，科研与科普价值较高。

CD 野生动物栖息地

CDC 鸟类栖息地

中华秋沙鸭栖息地：湿地动植物资源调查与监测人员在玉龙湾发现了国家一级重点保护野生动物—中华秋沙鸭，之后为了确定这一物种，经过观察，连续几年冬季都在玉龙湾发现了中华秋沙鸭，对于保护生物的多样性具有重大价值，为保护这一珍贵物种，在玉龙湾建立了中华秋沙鸭观测点（图5-5）。

图5-5　中华秋沙鸭戏水图

鸳鸯栖息地：在玉带河坪朝段，发现了野生鸳鸯，种群有十几只，后连续几年在坪朝段进行监测，发现鸳鸯在原来十几只的基础上增加到三十多只，确定了鸳鸯在这里栖息，具有较高的生物研究价值。

D 天象与气候景观

DA 光现象

DAA 日月星辰观察地

　　玉带河日出、日落：在清澈见底的玉带河上，日出时分，朝阳照射到河面上，伴随着薄雾、渔船等，给人一种悠然恬静的氛围；日落时分，落日的景观让人震撼，玉带河这个娇羞美丽的少女，向人们展示着她的魅力（图5-6）。

DB 天气与气候现象

DBA 云雾多发区

　　晨雾玉带河：清晨，晨雾袅袅，美丽的玉带河蜿蜒流过，林海在玉带河两岸如同卫士一样守护着她，鸟鸣声时而传来，形成了乡野优美的空间氛围和静谧的水岸林荫。

图5-6　玉带河日落图

F 建筑与设施

FA 综合人文旅游地

FAE 文化活动场所

通道转兵纪念馆：位于玉带河下游，湿地公园旁边，具有重要的红色意义，是为了更好地弘扬长征精神，保护革命文物，纪念通道会议而建设的纪念馆（5-7）。整个陈列布展分战略转移、通道转兵、走向胜利、红色印记四大板块，围绕"缅怀革命先烈、传承长征精神"这一主题，采用了图文、绘画、雕塑、沙盘、声光电、情景复原等手法，真实客观地再现了红军长征"通道转兵"这一辉煌历史。

图5-7　通道转兵纪念馆图

FD 居住地与社区

FDA 传统与乡土建筑

古侗寨：古侗寨民居以"杆栏式"吊脚楼为主，沿山、沿谷因地就势布局，形成独特的"山脊型"与"山谷型"布局模式，又和外界环境巧妙融于一体，构成侗寨特殊风格，至今保留了大量清代中期以前的建筑物，为研究侗族文化提供了重要参考。

FDE 书院

恭城书院：恭城书院在中国革命史上是一座不朽的丰碑。1934年中央红军长征途经通道时，在书院内召开紧急的"通道会议"，形成历史上著名的"通道转兵"，挽救了红军，拯救了中国革命。从此，古老的恭城书院就与伟大的长征联系在一起而彪炳青史。

中国传统村落——兵书阁村：兵书阁村位于县溪镇西部。距209国道6.5 km，离县城46 km。全村总面积为21.1 km^2，其中耕地面积1500余亩，山林面积25800亩。全村下辖14个村民小组，分布在12个自然村寨，现有人口1509人，苗族人口占90%以上。兵书阁村作为玉带河湿地公园社区共管共建示范村，一直致力于玉带河湿地公园的共管共建。该村拥有国家级文物保护单位——兵书阁和文星桥，其一：兵书阁始建于清嘉庆十五年（1810），清道光五年（1825）大修时，在原建筑明间新辟一座重檐六角攒尖葫芦顶阁楼，使其"整新俾宇，巍峨再出冲宵之像"。一层明间正堂供关圣帝位，二层设村私塾，二、三层均设走马廊，架设小木梯，可攀沿直上，成为集桥、亭、阁、殿为一体的古建筑。兵书阁作为兵书收藏馆，极具科考价值，传承文化的信奉。其二：文星桥始建于清乾隆二十四年（1759），清光绪二十七年（1901）修复，几经修葺始成今日建筑格局。文星桥与文天祥关系密切，从兵书阁吴氏—支族谱可知文天祥为吴氏家族写过跋，而吴氏家族祖籍江西，后搬迁于此，再结合兵书阁碑文"聊以壮观瞻云宋将以旋地轴"中的宋将，足以表明桥中的"文星"即为文曲星文天祥。文星桥是族人乃至周边地区对文曲星文天祥的纪念和敬仰（图5-8）。

图5-8　兵书阁村

FF 交通建筑

FFA 桥

民族团结桥：位于玉带河中游，1991年建成，至今已有30年，是侗族村民和红军队伍团结的象征，是村民一心的象征，它反映的是1934年侗族村民帮助红军过河的历史事件，具有重要的历史文化价值。

图5-9　浮桥

红军桥（浮桥）：位于玉带河下游，是历史上通道转兵红军走过的桥，它见证了通道转兵这一重大历史事件，今日，它得以重建，具有重大历史价值。经过修葺和翻新，外表是鲜艳的红色，象征着军民友谊，反映着那段革命历史。

FG 水工建筑

FGA 水库观光游憩区段

雁鹅湖：又名晒口水库，是人工修建的水域，位于四乡河下游，距下游县溪镇4 km，水库总库容1.34亿 m³，汛限水位358 m，死水位344 m，调节库容0.908亿 m³，属于年调节水库，是全国733座防洪重点中型水库，湖南省73座防洪重点水库之一。湖域周围，树木葱郁，环境优美，湖水如镜，碧波粼粼，在湿地公园内如一颗璀璨的明珠。

H 人文活动

HC 民间习俗

HCC 民间演艺

侗族芦笙技艺：芦笙，乐器，侗族民间的能工巧匠，利用竹、木和铜片等三种材料即可制造出各式各样的芦笙，侗族人民用芦笙来进行演奏，对于研究侗族人民的技艺和文化具有较高的价值（图5-10）。

图5-10　侗族芦笙技艺

侗戏：湖南省通道侗族自治县地方传统戏剧，国家级非物质文化遗产之一。侗戏产生于清代嘉庆至道光年间，全部用侗语对白演唱，语言生动，比喻形象，与音乐紧紧吻合，朗朗上口，清晰明快，为群众所喜闻乐见。

大戊梁歌会：是湖南省通道侗族自治县人民举办的歌会，每年四月间举行，一般在农历立夏前十八天举行，为期三天。在这里，有各族人民在歌唱，各族人民互通有无，竞相选购，夕阳西下，人们带着节日的喜悦和选购的物品渐渐散去。

侗族琵琶歌：侗族琵琶歌分布于侗族南部方言地区，可分为抒情琵琶歌和叙事琵琶歌两大类。其歌唱内容几乎涵盖了侗族历史、神话、传说、故事、古规古理、生产经验、婚恋情爱、风尚习俗、社会交往等各个方面，通道县作为侗族自治县，侗族琵琶歌历史悠久，对丰富我国的歌舞文化具有较高的价值。

　　侗族喉路歌： 湖南通道侗族喉路歌，是因歌中以"喉路"作衬词而得名，是侗族音乐中十分难得的多声部歌曲，流传在通道县境内的万佛山镇、菁芜洲镇等乡镇。

5.2　旅游资源分级

　　根据实地调查，按照我国《旅游资源分类、调查与评价》（GB/T 18972 — 2017）标准对湿地公园内现有的资源进行定量评价，统计景区内共有旅游资源27处，其分类结果见表5-2。

表5-2　湿地公园旅游资源分级结果

资源等级	单体名称	单体数量
五级旅游资源单体		0
四级旅游资源单体	中华秋沙鸭栖息地、雁鹅湖、侗族芦笙技艺、侗戏	4
三级旅游资源单体	通道转兵纪念馆、中国传统村落——兵书阁村、枫香群落、鸳鸯栖息地	4
二级旅游资源单体	古侗寨、金龟山、玉龙湾、玉龙湾河段、两江湿地景观、玉龙潭、花榈木、闽楠、晨雾玉带河、大戊梁歌会、侗族琵琶歌、侗族喉路歌	12
一级旅游资源单体	金龟滩、玉带河两岸林地、玉带河日出和日落、恭城书院、民族团结桥、红军桥、浮桥	7
总计		27

5.3　玉带河国家湿地公园旅游资源开发建议

5.3.1　分区打造发展，以强带弱

　　玉带河湿地公园旅游资源赋分价值总体比较高，要以优质旅游资源为依托，分区打造发展，一是以中华秋沙鸭栖息地为依托，建设中华秋沙鸭保护和科普基地，以中华秋沙鸭为契机

点进行延伸带动，建设湿地动植物科普教育馆；二是以雁鹅湖为依托，打造水上观赏娱乐项目，包括游船观光、航运体验、垂钓等，通过雁鹅湖来带动玉带河观光休闲的发展；三是以侗族芦笙技艺、侗戏为依托，打造侗族民俗表演，通过其知名度带动其他民俗表演的发展；四是以通道转兵纪念馆为依托，以红色效应知名度，打响玉带河湿地公园的知名度。

5.3.2　区域联合，协同发展

玉带河湿地公园所在区域附近，有著名的万佛山—侗寨国家级风景名胜区、万佛山国家地质公园和万佛山省级自然保护区。万佛山主峰海拔597.9 m，因其丹霞地貌的魅力为人所知，是全国最大的丹霞峰林地貌之一，旅游发展较好，玉带河湿地公园在自身定位保护的基础上，可以适度发展生态旅游，使人与自然和谐相处，真正地将"绿水青山就是金山银山"的理念落到实处，带动区域内经济发展，而实现这一点，在目前起步阶段，可以与万佛山联合，以万佛山的品牌知名度和影响力拉动湿地公园的发展。

5.3.3　多渠道宣传，扩大影响力

良好的发展需要知名度的打造，玉带河湿地公园要多渠道宣传。一是线上平台：玉带河湿地公园要建立自己的新媒体平台，如网站、微信公众号、微博等，对相关操作人员进行重点培训，使其能定期在湿地公园新媒体平台上推送有趣、吸引人眼球的内容。二是线下宣传：首先从通道转兵纪念馆和红军桥处开始，作为全省重点红色教育基地，客流量是比较大的，湿地公园要着重在此投放宣传，在允许的条件下，可以在红军桥两岸投放巨型广告牌；其次是在通道高速公路、公路等车流密集的路口投放宣传；最后是在与其他湿地公园等交流时进行推介。

5.3.4　加强科普教育，结合通道转兵纪念馆客源，传播湿地文化

湿地公园的一大功能就是科普教育，将相关的湿地知识传递给人们，目前玉带河湿地公园正处于起步阶段，在现阶段，主要是进行相关科普馆等一些硬件设施的建设，除此之外是打响知名度，提高自身的影响力，在这一时间段，湿地公园依托自身丰富的动植物资源重点建设以中华秋沙鸭为代表的野生动物科普馆，以闽楠、花榈木等为代表的植物科普馆，在科普馆的基础上，设置解说牌，在此形成的基础上，结合通道转兵纪念馆，与之联合，面向通道转兵纪念馆客源进行科普和湿地文化的传播，使玉带河湿地公园为人所知，扩大自身的影响力，为后续的发展奠定基础。

5.3.5　科普教育馆进一步展示玉带河的历史和物种资源

科普教育是湿地公园的特色，持续深入学习是科普教育显著的特征，在硬件设施完备，已初步开展了科普和传播湿地文化的基础上，玉带河湿地公园需进一步持续深入进行科普和教

育，在这一时间段，科普教育馆可以着重展示玉带河的历史和物种资源，历史和物种是衡量一条河价值的重要标准，玉带河历史和物种资源的展示有助于使人们深层次了解湿地文化、了解物种的变化，给人们留下深刻的印象，增强人们对玉带河湿地公园的认同感，为之后湿地公园生态旅游的发展打下一定的品牌影响力。

5.3.6　建设沿河绿道，造福人民

"绿水青山就是金山银山"是自然造福人们的集中体现，湿地公园在功能定位上是生态保护，保护人们生存的自然环境，在基础建设时更多的是侧重于自然性，事实上保护与利用是不冲突的，最主要的是把握好度，将良好的自然环境变成人们需求的"金山银山"，湿地公园沿河绿道就是十分有效的方法，沿河绿道，在玉带河湿地公园这里，要依据河岸实际情况去建设，切勿大肆改变植被等周围环境，建设材料要以生态绿色为主，设计建造时要与周围环境相适应，把握这几点绿道建设就可以完成，后续使用，加强管理即可，在使用时可以加入湿地文化学习、湿地环境公益保护与使用挂钩联动机制等，真正地实现人与湿地和谐相处，既使湿地公园得到保护又造福于人类，促进玉带河湿地公园的发展。

第六章　生态系统服务价值评估

湿地生态系统与陆地、海洋并称为地球三大主要生态系统，由于湿地内部旺盛的生命活动与物质交流为其带来高于其他生态系统的活力。生态系统服务是指人类直接或间接地从生态系统提供的各种功能中获得的惠益，它包括向人类社会提供的物质产品以及接受和净化人类社会产生的废弃物等。湿地生态服务价值评估是以货币形式对生态系统提供的各种服务功能做相应的价值估算，有助于管理者深入认识湿地资源的价值，从而制定更全面、更合理的保护政策。

玉带河湿地公园作为湖南省通道侗族自治县的国家级湿地公园，是兼具自然、社会和经济服务价值三位一体的复合生态系统。由于受湿地面积大小、生态功能和结构特征等因素的影响，湿地生态系统服务价值不尽相同。

玉带河湿地公园作为通道县内重要生态系统，在调节气候、调蓄洪水等方面发挥了重要作用，同样具有很大的研究价值。因此，为了加强玉带河湿地公园资源利用的合理性，促进其资源的优化配置，立足于湿地范围内，开展湿地公园生态系统服务价值评估。

6.1　研究方法

6.1.1　评估指标体系

参考联合国千年生态系统评估报告分类体系、湿地生态系统服务评估规范，以及我国典型湿地生态系统服务功能分类方法，并结合玉带河湿地公园的现状，生态系统服务共性和城市社会经济建设需求等特性，把玉带河湿地生态服务功能分为生态过程、社会人文和未来潜在三大类价值。其中：生态过程价值指生态系统本身运转过程中生产的物质及其维持人类基本生存环境的价值；社会人文价值指以自然生态为核心、自然过程为重点，以满足人类的合理需求而从生态系统中获得的人文、社会、经济等价值；未来潜在价值指目前人类尚不清楚且暂时还未开发的、潜藏于生态系统中的、一旦条件成熟就可能发挥出来的价值。

6.1.2 评估方法

根据遥感解译数据，玉带河湿地公园生态系统由湿地生态系统、森林生态系统（天然林和人工林）和其他类型生态系统组成，成分复杂，湿地公园总面积1503.8公顷，其中湿地面积984.5公顷，湿地率为65.5%，507.7公顷森林，占总面积的33.8%，其他面积11.6公顷，占总面积的0.7%。对于在评估过程中某些难以获取的参数，在计算过程中，用中国生态系统服务价值估算中部分指标的平均值来代替。

湿地公园生态系统的服务价值，本项目采用市场价格法、影子工程法、旅行费用法、成果参照法和机会成本法等方法。

①市场价格法：是对湿地生态系统提供的产品和功能可以运用市场价格进行价值评估的一种方法。主要用于对湿地生态系统生产的物质产品进行价值估算。

②影子工程法：该方法是以人工建造一个新的工程来替代某一生态系统服务功能或已被破坏的生态功能的费用，例如以人工建造水库所需的费用代替湖泊湿地调蓄洪水量的价值。

③旅行费用法：该方法是游客在湿地游览中所消费的交通费、餐饮费、门票费、住宿费和旅行时间价值等所有花销的总和。

④成果参照法：是引用学者对湿地某项生态系统服务单位面积价值的研究成果来评估其他湿地相应服务功能类别的价值。

⑤机会成本法：该方法是通过区分生态系统服务功能的类别，构建各项功能的价值当量，并结合生态系统的面积进行价值评估。

对于湿地生态系统服务功能，应选择功能显著的类型；对于评估方法，应视其可行性和可操作性来进行。基于上述原则制定了分类体系并选取了相应的评估方法（表6-1）。

表6-1　玉带河国家湿地公园生态系统服务价值构成和评估方法

价值分类体系	评估指标	具体内容	评估方法
生态过程价值	气候调节	降温增湿（缓解热岛效应）	等效益替代法
	水源涵养	生态系统保持与蓄积水资源	影子工程法
	植物净化	空气与水质净化	成本替代法、污染防治成本法、成本替代法、成果参照法
	土壤保持	固土保肥	替代工程法、影子价格法、机会成本法
	固碳释氧	固定CO_2、释放O_2	碳税法、造林成本法、影子价格法

续表

价值分类体系	评估指标	具体内容	评估方法
生态过程价值	生物多样性保护	生物多样性保育	影子工程法、成果参照法
	净化水质	居民生活用水供给	市场价格法
社会人文价值	休闲娱乐	居民生活休闲与康体游憩	旅行费用法
	文化科研	科学研究、科普宣教	影子工程法、成果参照法
	人居环境改善	提升城市品位与改善环境	溢价收益法
	存在价值		
未来潜在价值	遗产价值		条件价值法
	选择价值		

6.1.3 数据分析方法

6.1.3.1 气候调节价值

气候调节价值用等效益替代法。选择可直接计算的、具有相同生态效益的价值来替代这个功能计算。

$$V = \sum CM_i P_i \Delta T_i P$$

式中：V——气候调节价值；

C——水的比热容；

M_i——湿地公园水域 i 月湿地公园水域的蒸发水量；

ΔT_i——湿地公园水域 i 温度与100℃的差值；

P——通道县当地市民用电价格。

6.1.3.2 涵养水源价值

涵养水源价值用影子工程法估算。影子工程法是针对某个生态系统功能，要用修建一个能够产生同样效益的影子项目来替代该项服务功能，修建这个项目所需的费用就是该项服务功能的价值。计算公式为：

$$V = G = \sum_1^i \times X_i$$

式中：V——涵养水源或均化洪水价值；

G——替代工程造价；

X_i——替代工程中i项目建设费用。

6.1.3.3　植物净化价值

①采用成本替代法，计算植物提供的负氧离子价值。

植物提供的负氧离子价值的计算公式为：

$$V=5.256 \times 10^{15} \times A \times H \times K \times (Q-600)/L$$

式中：V——提供负氧离子价值，元；

$\quad\quad A$——植被面积，hm^2；

$\quad\quad H$——植物平均高度，m；

$\quad\quad K$——负氧离子生产费用，元/个；

$\quad\quad Q$——林分内负氧离子浓度，个/m^3；

$\quad\quad L$——负氧离子寿命，min。

②采用污染防治成本法，计算植物吸收污染物价值。

植物吸收污染物价值的计算公式为：

$$V = \sum K_i \times Q_i \times A$$

式中：V——吸收污染物价值，元；

$\quad\quad K_i$——第i类污染物的单位质量治理成本，元/kg；

$\quad\quad Q_i$——单位面积森林绿地吸收第i类污染物的量，kg/hm^2。

③采用成本替代法，计算植物降低噪声价值。

植物降低噪声价值的计算公式为：

$$V = K_{噪声} \times L_{噪声}$$

式中：V——降低噪声价值，元；

$\quad\quad K_{噪声}$——单位公里数降低噪声的成本，元；

$\quad\quad L_{噪声}$——森林绿地面积折合为隔音墙公里数，km。

④采用成本替代法，计算植物杀灭病菌价值。

植物杀灭病菌价值的计算公式为：

$$V=15\% \times 10\% \times C_{造林} \times Q_{蓄} \times A$$

式中：V——杀灭病菌价值，元；

$\quad\quad C_{造林}$——中国平均造林成本，元/m^3；

$\quad\quad Q_{蓄}$——中国成熟林单位面积蓄积量，m^3/hm^2；

$\quad\quad A$——湿地公园森林绿地面积，hm^2。

⑤采用成果参照法，计算植物净化水质价值。

植物净化水质价值的计算公式为：

$$V = K_水 \times S_生$$

式中：V——净化水质价值，元；

$\quad K_水$——中国陆地生态系统的水质净化功能的单位价值，元/hm^2；

$\quad S_生$——湿地公园中除道路、建筑的硬质表面和明水表面以外的生态系统面积，hm^2。

玉带河国家湿地公园的植物净化价值为植物提供的负氧离子价值、植物吸收污染物价值、植物降低噪声价值、植物杀灭病菌价值和植物净化水质价值之和。

6.1.3.4　土壤保持价值

评估参数主要包括土壤保持量、土壤侵蚀模数、挖取单位面积土方费用、土壤容重及氮磷钾含量、氮磷钾市场价格和土壤废弃价值等。

①采用影子价格法，计算保持土壤肥力价值。

保持土壤肥力价值的计算公式为：

$$V = \sum (A \times C_i \times P_i/R_i)$$

式中：V——保持土壤肥力价值，元；

$\quad A$——土壤保持总量，t；

$\quad C_i$——土壤中养分（氮、磷、钾）含量，%；

$\quad R_i$——土壤磷酸二铵化肥含氮量、含磷量和氯化钾化肥的含钾量，%；

$\quad P_i$——氮、磷、钾肥料的价格，元/t。

②采用机会成本法，计算因废弃土壤而失去的经济价值。

因废弃土壤而失去的经济价值的计算公式为：

$$V = G_{固土} \times B/ (0.6 \times 10000 \rho)$$

式中：V——减少土地废弃价值，元；

$\quad G_{固土}$——林分年固土量，t/a；

$\quad B$——林业平均年收益，元/hm^2；

$\quad \rho$——林地土壤密度，t/m^3。

③采用替代工程法，计算减少泥沙淤积灾害价值。

减少泥沙淤积灾害价值的计算公式为：

$$V = 24\% \times G_{固土} \times C/ \rho$$

式中：V——减少泥沙淤积灾害价值，元；

$\quad G_{固土}$——林分年固土量，t；

$\quad \rho$——林地土壤密度，t/m^3；

$\quad C$——挖取和运输单位体积土方所需费用，元/m^3。

玉带河国家湿地公园的土壤保持价值为减少泥沙淤积灾害价值、保持土壤肥力价值和因废弃土壤而失去的经济价值之和。

6.1.3.5　固碳释氧价值

固碳价值采用碳税法、造林成本法和影子价格法，计算固碳价值。固碳价值的计算公式为：固碳释氧价值用碳税法／造林成本法估算。利用光合作用方程计算，从方程可知植物每生产 1 g 干物质（即生物量）需 1.47 g CO_2，释放 1.07 g O_2。

$$V = \sum (B_i + Q_i) \times P_C$$

式中：V——固碳价值，元；

B_i——第 i 种植物的植物固碳量，t；

Q_i——第 i 种土壤类型的土壤固碳量，t；

P_C——固定单位体积 CO_2 的价格，元/t。

释氧价值的计算公式为：

$$V = 1.19 \times B_{iO} \times P_O$$

式中：V——植物释氧价值，元；

B_{iO}——生物量，t；

P_O——释放单位体积 O_2 的价格，元/t。

玉带河湿地公园的固碳价值为固碳价值和释氧价值之和。

6.1.3.6　维持生物多样性价值

维持生物多样性价值也采用成果参数法计算。具体计算公式见科研文化价值的评估方法。按照 Robert Costanza 等研究结果，湿地的避难所价值为 304 美元/hm^2，谢高地等人在研究青藏高原生态资产的价值评估中，物种栖息地的价值为 2234 元/hm^2。本文取它们的平均值 2146.8 元/hm^2，运用成果参照法计算湿地栖息地服务价值，所以生物多样性的价值为：

$$V = 2146.8 \times S ／ 年。$$

式中：V——维持生物多样性价值，元；

S——湿地公园的面积。

6.1.3.7　净化水质价值

净化水质价值使用成本替代法估算。湿地净化水质的功能，可以用污水处理厂处理相同数量污水的成本来计算其价值量。

$$V = QP = \text{Max} Q_i P$$

式中：V——水质净化服务的价值；

Q——污水处理量；

P——污水处理成本；

$\text{Max} Q_i$——湿地净化污水的总量，即 Q。

6.1.3.8　休闲娱乐价值

休闲娱乐价值采用旅行费用法。旅行费用法是基于旅游者在旅行中的支出和花费对旅游地区的旅游价值进行估算湿地生态系统服务功能旅游价值的估算。计算公式为：

$$V=C_1+C_2+C_3$$

式中：V——休闲娱乐价值；

C_1——旅行费用支出，包括旅客的交通费用和在当地的旅游消费支出（餐饮、门票、食宿、游船）；

C_2——旅游时间价值，即因进行旅游而损失的收入；

C_3——消费者剩余，包括购买纪念品、摄影等费用。

根据这方面研究，一般价值约为其他各项费用支出的10%。2019年，通道县全年接待游客527万人次，实现旅游总收入31.8亿元。玉带河湿地公园休闲娱乐价值按全县旅游收入50%进行计算。

6.1.3.9 科研文化价值

科研文化价值使用成果参数法估算。成果参数法是W权威人士已经制定的评价指标为基础，结合研究区的实际情况，对研究区的服务功能进行评估的方法：

$$V_i=P_i \times S$$

式中：V_i——某种生态系统服务功能的价值；

P_i——某种生态系统服务功能的价值系数；

S——提供服务功能的土地面积。

6.1.3.10 人居环境改善价值

人居环境改善价值采用溢价收益法计算。人居环境改善价值的计算公式为：

$$V = M \times P \times C \times K$$

式中：V——人居改善价值，元；

M——湿地公园辐射区建设用地面积，m^2；

P——建筑容积率，%；

C——人居环境房价溢价，元/m^2；

K——投资收益率，按照2014年中国10年国债平均收益率计算，K取4.32%。

6.1.3.11 未来潜在价值

采用网络和问卷面谈相结合的方式，估算未来潜在价值。采用条件价值法，即以调查问卷形式，询问随机选择的部分人一系列假设性问题。基于假想市场，由消费者对环境等公共物品和服务的偏好，引出其对一项环境质量损失的接受赔偿和接受赔偿值，以及对一项环境改善收益的支付意愿和支付意愿值，取二者的平均值乘以区域实际愿意支付的总人口数，其计算公式为：

$$V=WTP \times N$$

式中：V——玉带河湿地公园未来潜在价值的总支付值，元；

WTP——人均支付意愿，元/人；

N——实际意愿支付人口数，人。

6.2　生态系统服务功能价值核算

玉带河湿地公园的生态系统服务价值为724052.08万元，单位面积价值量约为481.48万元/hm²。其中，社会人文价值所占比重较大，为总价值的85.60%，生态过程价值和未来潜在价值仅占12.56%和1.84%（表6-2）。一方面湿地公园从菁芜洲镇、县溪镇穿过，兼顾了城乡湿地公园的重要功能，其主要功能在于丰富居民生活、改善城乡生态环境和提高城乡区域性生态环境质量；另一方面，湿地公园作为"城市海绵体"和"城市绿肾"，兼有城市湿地与天然湿地的共同属性。玉带河湿地公园的生态系统服务价值不仅表现出天然湿地所具有的自然功能属性，更着重强调了城市湿地为人类生产生活和社会经济发展所提供的强大动力。

表6-2　湖南通道玉带河国家湿地公园生态系统服务价值

价值分类	功　能	服务价值/（万元/年）	所占百分比/%	分类价值比例/%
生态过程价值	气候调节	33696.70	4.65	12.56
	水源涵养	21097.00	2.91	
	植物净化	11061.60	1.53	
	土壤保持	520.92	0.07	
	固碳释氧	20837.20	2.88	
	维持生物多样性价值	322.84	0.04	
	水源供给	3375.43	0.47	
社会人文价值	休闲娱乐	159000.00	21.96	85.60
	文化科研	4770.10	0.66	
	人居环境改善	456021.00	62.98	
未来潜在价值	存在价值	5549.10	0.77	1.84
	遗产价值	4213.40	0.58	
	选择价值	3596.80	0.50	
	总　计	724062.08	100	100

　　在生态过程价值中，气候调节价值和固碳释氧价值所占的比重较高，植物净化价值、栖息地价值、水源涵养价值、土壤保持价值、水源供给价值较低。湖南通道玉带河国家湿地公园处于区域—城乡一体化的综合生态规划中，气候调节价值和固碳释氧价值在地域空间上具有可转移性，主要由湿地公园的绿地、水体和周边自然景观提供；而植物净化价值和栖息地价值等具有不可转移性，是湿地公园必须靠自身解决的生态任务。

　　社会人文价值在玉带河湿地公园生态系统服务功能的总价值中所占比重高达85.60%，主要体现在人居环境改善价值和休闲娱乐价值，其次是文化科研价值。人居环境改善不仅提升了街区土地价值，也让人们更加注重周边的生态环境和生活品质的提高。本研究将湖南通道玉带河国家湿地公园有效辐射范围内的人居环境改善价值纳入社会经济价值，这也是以往湿地生态系统服务价值评估中常被忽略的一项重要功能。

6.3　结论

　　玉带河湿地公园的生态系统服务总价值每年为724052.08万元，单位面积价值量每年约为481.48万元/hm²。其中，社会人文价值每年为619791.10万元，生态过程价值和未来潜在价值每年则分别为90911.68万元和13359.3万元。

参考文献

［1］BirdLife International. Sasia ochracea. The IUCN Red List of Threatened Species 2016: e.T22680792A92878528. [EB/OL]. [2017-10-21]. http://www.iucnredlist.org/details/22680792/0.

［2］Cheng Qian, Zhou Linfei. Monetary value evaluation of Linghe River estuarine wetland ecosystem service function[J]. Eocedia Procedia, 2011, (14): 211-216.

［3］Costanza R. The value of the world's ecosystem services and natural capital[J]. Nature, 1997, 387: 253-260.

［4］Reynolds J. Handbook of the Birds of the World, Vol. 7. Jacamars to Woodpeckers[J] .Biological Conservation，2003，111（2）.

［5］Woodward R T, Wui Y S. The economic value of wetland services: a meta- analysis[J]. Ecological Economics, 2001, 37(2): 257-270.

［6］曹亮, 梁旭方. 中国浙江少鳞鳜属一新种(鲈形目, 鮨科, 鳜亚科)[J]. 动物分类学报, 2013, 38(4): 891-894.

［7］陈翠, 刘贤安, 闫丽丽, 等.四川南河国家湿地公园生态系统服务价值评估[J]. 湿地科学, 2018, 16(4): 238-244.

［8］陈鹏.厦门湿地生态系统服务功能价值评估[J]. 湿地科学, 2006, 4(2): 101-107.

［9］陈仲新, 张新时. 中国生态系统效益的价值[J]. 科学通报, 2000, 45(1): 17-22.

［10］戴振华, 刘松, 张志强. 吉首峒河湿地公园鸟类群落结构调查及多样性研究[J]. 湖南林业科技, 2010, 37(3):30-32.

［11］邓娇, 晏玉莹, 张志强, 等.城市化对长沙市区城市公园繁殖期鸟类物种多样性的影响[J]. 生态学杂志, 2014, 33(7): 1853-1859.

［12］邓学建, 王斌, 钟福生.湖南动物志[鸟纲 雀形目][M]. 长沙: 湖南科学技术出版社, 2013.

［13］邓学建, 罗建南.南山国家公园鸟类资源及迁徙通道研究[M]. 长沙: 湖南科学技术出版社, 2020.

［14］甘西, 蓝家湖, 吴铁军, 等.中国南方淡水鱼类原色图鉴[M]. 郑州: 河南科学技术出版社, 2017.

［15］广西壮族自治区水产研究所, 中国科学院动物研究所.广西淡水鱼类志[M]. 南宁: 广西人

民出版社, 1981.

［16］郭冬生, 张正旺. 中国鸟类生态大图鉴[M]. 重庆: 重庆大学出版社, 2015.

［17］湖南省水产科学研究所. 湖南鱼类志[M]. 长沙: 湖南人民出版社, 1977.

［18］国家林业和草原局, 农业农村部公告（2021年第3号）（国家重点保护野生动物名录）. [EB/
OL].[2021-02-05].http://www.forestry.gov.cn/main/5461/20210205/122418860831352.html

［19］黄新民, 但新球, 熊智平, 等. 湖南东江湖湿地公园的资源(产)服务功能与价值研究[J]. 湿
地科学与管理, 2007, 3(2): 1364-1376.

［20］蒋有绪. 中国森林群落分类极其群落学特征[M]. 北京: 科学出版社, 1998.

［21］蒋志刚, 江建平, 王跃招, 等. 中国脊椎动物红色名录[J]. 生物多样性, 2016, 24 (5): 500-551.

［22］康祖杰, 刘美斯, 杨道德, 等. 湖南省雀形目鸟类新纪录6种[J]. 动物学杂志, 2014, 49(1):54-54.

［23］李思忠. 中国淡水鱼类的分布区划[M]. 北京: 科学出版社,1981.

［24］李文华. 生态系统服务功能价值评估的理论、方法与应用[M]. 北京: 中国人民大学出版社,
2008.

［25］李星照, 陆奇勇, 袁正科, 等. 湖南省通道侗族自治县生物多样性调查与研究[M]. 长沙: 湖
南科学技术出版社, 2010.

［26］李子杰, 康祖杰, 贺春容, 等. 湖南省石门县中华秋沙鸭越冬种群现状与保护对策[J]. 湿地
科学, 2020, 18(3): 257-265.

［27］刘志刚, 吴少武, 陆安信, 等. 通道县拟建玉带河湿地公园脊椎动物资源调查[M].绿色科技, 2016.

［28］刘志刚, 吴少武, 莫晓军, 等. 湖南首次记录到野生鸳鸯繁殖[J]. 野生动物学报, 2019, 40(2):
5169-518.

［29］吕磊, 刘春雪. 滇池湿地生态系统服务功能价值评估[J]. 环境科学导刊, 2010, 29(1): 76-80.

［30］欧阳志云, 朱春全, 杨广斌, 等. 生态系统生产总值核算: 概念、核算方法与案例研究[J].
生态学报, 2013, 21(21) : 6747-6761.

［31］曲利明. 中国鸟类图鉴[M]. 福州: 海峡书局, 2013.

［32］沈猷慧, 杨道德, 莫小阳, 等. 湖南动物志 (两栖纲)[M]. 长沙: 湖南科学技术出版社, 2014.

［33］沈猷慧, 叶贻云, 邓学建. 湖南动物志 (爬行纲)[M]. 长沙: 湖南科学技术出版社, 2014.

［34］沈猷慧, 刘上峰, 杨道德. 湖南省鸡形目鸟类及其分布[J]. 动物学研究, 2000, 21(3): 252-255.

［35］田园, 张志强, 杨道德, 等. 湖南两江峡谷森林公园夏季鸟类资源调查[J]. 野生动物学报,
2007, 28(6):11-14.

［36］汪松, 解焱. 中国物种红色名录[M]. 北京: 高等教育出版社, 2004.

［37］王磊, 何冬梅, 江浩, 等. 江苏滨海湿地生态系统服务功能价值评估[J]. 生态科学, 2016,
35(5): 169-175.

［38］王伟, 陆健健. 生态系统服务功能分类与价值评估探讨[J]. 生态学杂志, 2005, 24(11): 1314-

1316.

［39］王逸群. 湿地生态系统服务功能价值计算方法研究[J]. 陕西林业科技, 2017, (1): 69–74.

［40］王志宝. 国家林业局令第七号—国家保护的有益的或者有重要经济、科学研究价值的陆生野生动物名录. 野生动物学报, 2000, (5): 49–82.

［41］吴炳贤, 杨道德, 刘应志, 等. 湖南黄桑国家级自然保护区两栖爬行动物多样性及区系分析[J]. 四川动物, 2016, 35(4): 601–607.

［42］吴倩倩, 刘宜敏, 石胜超, 等. 湖南通道玉带河国家湿地公园鱼类资源初探[J]. 生命科学研究, 2016, 20(5): 377–380.

［43］吴少武, 刘志刚, 陆安信, 等. 通道县玉带河沿河两岸植物资源调查[J]. 绿色科技, 2016, (12): 26–28.

［44］谢高地, 鲁春霞, 冷允法, 等. 青藏高原生态资产的价值评估[J]. 自然资源学报, 2003, (2): 189–196.

［45］阎中军, 李金声. 湘西鸟类资源调查初报上[J]. 吉首大学学报（自然科学）, 1994, 15(6): 91–92.

［46］杨道德, 彭英, 喻勋林, 等. 湖南八大公山国家级自然保护区生物多样性研究与保护[M]. 长沙: 湖南科学技术出版社, 2016.

［47］杨道德, 伍有谟, 喻勋林. 湖南都庞岭国家级自然保护区生物多样性研究与保护[M]. 长沙: 中南林业科技大学. 2013.

［48］杨利勋, 杨玉玮, 陆明鑫, 等. 湖南通道县发现白眉棕啄木鸟[J]. 动物学杂志, 2018, 53 (3): 501.

［49］姚跃明, 熊健君, 邓熹. 雪峰湖国家湿地公园生态系统服务价值非使用价值评估[J]. 湖南林业科技, 2015, 42(1): 70–73.

［50］喻勋林, 杨道德, 徐永福, 等. 湖南通道麒麟山自然保护区综合科学考察报告[M]. 长沙：中南林业科技大学, 2017.

［51］约翰. 马敬能, 卡伦. 菲利普斯, 何芬奇. 中国鸟类野外手册[M]. 长沙：湖南教育出版社, 2000.

［52］张国珍, 杨道德. 湖南壶瓶山国家级自然保护区科学考察报告集[M]. 长沙：湖南科学技术出版社, 2004.

［53］张荣祖. 中国动物地理[M]. 北京：科学出版社, 2011.

［54］张志强, 杨道德, 胡毛旺, 等. 长沙黄花国际机场鸟类群落物种多样性分析[J]. 动物学杂志, 2007, 42(1):112–120.

［55］张志强, 曾垂亮, 陆奇勇. 湖南通道玉带河国家湿地公园鸟类监测手册[M]. 北京：中国纺织出版社, 2019.

［54］赵尔宓.中国蛇类 (下)[M].合肥:安徽科学技术出版社,2016.

［55］赵正阶.中国鸟类手册(上卷)非雀形目[M].长春:吉林科学技术出版社,2001.

［56］郑光美.鸟类学[M].北京:北京师范大学出版社,2012.

［57］郑光美.中国鸟类分类与分布名录(第三版)[M].北京:科学出版社,2017.

本名录共记载湿地公园维管束植物911种（含种下单位及栽培和逸生植物），隶属于171科572属。其中蕨类植物15科、21属、24种，裸子植物6科、11属、12种，被子植物150科、540属、875种。蕨类植物科按秦仁昌系统排列，裸子植物科按郑万均系统排列，被子植物科按哈钦松系统排列，属、种按照字母顺序排列，中文名后带"*"号者为栽培种或逸生种。

I　蕨类植物 PTERIDOPHYTA

1 木贼科 Equisetaceae

木贼 *Equisetum hyemale* L.

节节草 *Equisetum ramosissimum* Desf.

2 紫萁科 Osmundaceae

紫萁 *Osmunda japonica* Thunb.

3 里白科 Gleicheniaceae

芒萁 *Dicranopteris dichotoma*（Thunb.）Berhn.

里白 *Hicriopteris glauca*（Thunb.）Ching

4 海金沙科 Lygodiaceae

海金沙 *Lygodium japonicum*（Thunb.）Sw.

5 鳞始蕨科 Lindsaeaceae

乌蕨 *Stenoloma chusanum* Ching

6 蕨科 Pteridiaceae

蕨 *Pteridium aquilinum* var.*latiusculum*（Desv.）Underw.ex Heller

7 凤尾蕨科 Pteridaceae

井栏边草 *Pteris multifida* Poir.

106

8 蹄盖蕨科 Athyriaceae

深绿短肠蕨 *Allantodia viridissima*（Christ）Ching

假蹄盖蕨 *Athyriopsis japonica*（Thunb.）Ching

9 金星蕨科 Thelypteridaceae

渐尖毛蕨 *Cyclosorus acuminatus*（Houtt.）Nakai

华南毛蕨 *Cyclosorus parasiticus*（L.）Farwell.

金星蕨 *Parathelypteris glanduligera*（Kze.）Ching

10 乌毛蕨科 Blechnaceae

狗脊 *Woodwardia japonica*（L.f.）Sm.

11 鳞毛蕨科 Dryopteridaceae

黑足鳞毛蕨 *Dryopteris fuscipes* C.Chr.

阔鳞鳞毛蕨 *Dryopteris championii*（Benth.）C.Chr.

贯众 *Cyrtomium fortunei* J.Sm.

12 水龙骨科 Polypodiaceae

石韦 *Pyrrosia lingua*（Thunb.）Farwell

伏石蕨 *Lemmaphyllum microphyllum* C.Presl

瓦韦 *Lepisorus thunbergianus*（Kaulf.）Ching

13 槲蕨科 Drynariaceae

槲蕨 *Drynaria roosii* Nakaike

14 萍科 Marsileaceae

萍 *Marsilea quadrifolia* L.

15 满江红科 Azollaceae

满江红 *Azolla imbricata*（Roxb.）Nakai

II　种子植物 SPERMATOPHYTA

裸子植物 GYMNOSPERM

1 银杏科 Ginkgoaceae

银杏 * *Ginkgo biloba* Linn.

2 松科 Pinaceae

雪松 * *Cedrus deodara*（Roxb.）G.Don

铁坚油杉 *Keteleeria davidiana*（Bertr.）Beissn.

湿地松* *Pinus elliottii* Engelm.

马尾松 *Pinus massoniana* Lamb.

3 杉科 Taxodiaceae

杉木 *Cunninghamia lanceolata*（Lamb.）Hook.

水杉* *Metasequoia glyptostroboides* Hu et Cheng

4 柏科 Cupressaceae

柏木 *Cupressus funebris* Endl.

刺柏 *Juniperus formosana* Hayata

千头柏* *Platycladus orientalis*‘Sieboldii’

5 罗汉松科 Podocarpaceae

罗汉松* *Podocarpus macrophyllus*（Thunb.）D.Don

6 红豆杉科 Taxaceae

南方红豆杉* *Taxus chinensis* var.*mairei*（Lemee et Levl.）Cheng et L.K.Fu

被子植物 ANGIOSPERM

7 木兰科 Magnoliaceae

鹅掌楸* *Liriodendron chinense*（Hemsl.）Sargent.

玉兰* *Magnolia denudata* Desr.

荷花玉兰* *Magnolia grandiflora* Linn.

凹叶厚朴* *Magnolia officinalis* subsp.*biloba*（Rehd.et Wils.）Law

乐昌含笑* *Michelia chapensis* Dandy

亮叶含笑* *Michelia fulgens* Dandy

深山含笑 *Michelia maudiae* Dunn

8 八角科 Illiciaceae

八角* *Illicium verum* Hook.f.

9 五味子科 Schisandraceae

南五味子 *Kadsura longipedunculata* Finet et Gagnep.

东亚五味子 *Schisandra elongata*（Bl.）Baill.

10 番荔枝科 Annonaceae

瓜馥木 *Fissistigma oldhamii*（Hemsl.）Merr.

11 樟科 Lauraceae

樟树 *Cinnamomum camphora*（L.）presl

黄樟 *Cinnamomum porrectum*（Roxb.）Kosterm.

川桂 *Cinnamomum wilsonii* Gamble

乌药 *Lindera aggregata*（Sims）Kosterm

香叶树 *Lindera communis* Hemsl.

山胡椒 *Lindera glauca*（Sieb.et Zucc.）Bl

黑壳楠 *Lindera megaphylla* Hemsl.

山橿 *Lindera reflexa* Hemsl.

山鸡椒 *Litsea cubeba*（Lour.）Pers.

黄丹木姜子 *Litsea elongata*（Wall.ex Nees）Benth.et Hook.f.

毛叶木姜子 *Litsea mollis* Hemsl.

木姜子 *Litsea pungens* Hemsl.

刨花润楠* *Machilus pauhoi* Kanehira

红楠* *Machilus thunbergii* Sieb.et Zucc.

闽楠 *Phoebe bournei*（Hemsl.）Yang

湘楠 *Phoebe hunanensis* H.–M.

檫木 *Sassafras tzumu*（Hemsl.）Hemsl.

12 毛茛科 Ranunculaceae

打破碗花花 *Anemone hupehensis* Lem.

威灵仙 *Clematis chinensis* Osbeck

小木通 *Clematis armandii* Franch.

钝齿铁线莲 *Clematis apiifolia* var.*obtusidentata* Rehd.et Wils.

毛蕊铁线莲 *Clematis lasiandra* Maxim.

还亮草 *Delphinium anthriscifolium* Hance

茴茴蒜 *Ranunculus chinensis* Bunge

毛茛 *Ranunculus japonicus* Thunb.

石龙芮 *Ranunculus sceleratus* L.

扬子毛茛 *Ranunculus sieboldii* Miq.

新宁毛茛 *Ranunculus xinningensis* W.T.Wang

天葵 *Semiaquilegia adoxoides*（DC.）Makino

盾叶唐松草 *Thalictrum ichangense* Lecoy.ex Oliv.

东亚唐松草 *Thalictrum minus* L.var.*hypoleucum*（Sieb.et Zucc.）Miq.

13 芍药科 Paeoniaceae

芍药 *Paeonia lactiflora* Pall.

14 金鱼藻科 Ceratophyllaceae

金鱼藻 *Ceratophyllum demersum* L.

15 小檗科 Berberidaceae

南天竹 *Nandina domestica* Thunb.

阔叶十大功劳 *Mahonia bealei*（Fort.）Carr.

16 木通科 Lardizabalaceae

木通 *Akebia quinata*（Houtt.）Decne.

三叶木通 *Akebia trifoliata*（Thunb.）Koidz.

白木通 *Akebia trifoliata* subsp.*australis*（Diels）T.Shimizu

尾叶那藤 *Stauntonia obovatifoliola* subsp.*urophylla*（Hand.–Mazz.）H.N.Qin

17 大血藤科 Sargentodoxaceae

大血藤 *Sargentodoxa cuneata*（Oliv.）Rehd.et Wils.

18 防己科 Menispermaceae

轮环藤 *Cyclea racemosa* Oliv.

金线吊乌龟 *Stephania cepharantha* Hayata

秤钩风 *Diploclisia affinis*（Oliv.）Diels

19 马兜铃科 Aristolochiaceae

尾花细辛 *Asarum caudigerum* Hance

20 胡椒科 Piperaceae

石南藤 *Piper wallichii*（Miq.）H.–M.

21 三白草科 Saururaceae

蕺菜 *Houttuynia cordata* Thunb

22 金粟兰科 Chloranthaceae

丝穗金粟兰 *Chloranthus fortunei*（A.Gray）Solms–Laub.

及已 *Chloranthus serratus*（Thunb.）Roem et Schult

草珊瑚 *Sarcandra glabra*（Thunb.）Nakai

23 罂粟科 Papaveraceae

博落回 *Macleaya cordata*（Willd.）R.Br.

血水草 *Eomecon chionantha* Hance

24 紫堇科 Fumariaceae

小花黄堇 *Corydalis racemosa*（Thunb.）Pers.

地锦苗 *Corydalis sheareri* S.Moore

25 十字花科 Cruciferae

白菜 * *Brassica pekinensis*（Lour.）Rupr.

芸薹 * *Brassica rapa* L.var.*oleifera* DC.

荠菜 * *Capsella bursa-pastoris*（L.）Medic.

碎米荠 *Cardamine hirsuta* L.

弹裂碎米荠 *Cardamine impatiens* L.

水田碎米荠 *Cardamine lyrata* Bge.

播娘蒿 *Descurainia sophia*（L.）Webb.ex Prantl

萝卜 * *Raphanus sativus* L.

风花菜 *Rorippa globosa*（Turcz.）Hayek

焊菜 *Rorippa indica*（L.）Hiern.

26 堇菜科 Violaceae

堇菜 *Viola verecunda* Blume

戟叶堇菜 *Viola betonicifolia* J. E. Smith lucens W. Beck

七星莲 *Viola diffusa* Ging.

紫花堇菜 *Viola grypoceras* A.Gray

长萼堇菜 *Viola inconspicua* Blume

紫花地丁 *Viola philippica* Cav.

27 远志科 Polygalaceae

狭叶香港远志 *Polygala hongkongensis* var.*stenophylla*（Hay.）Migo

瓜子金 *Polygala japonica* Houtt.

小扁豆 *Polygala tatarinowii* Regel

28 景天科 Crassulaceae

珠芽景天 *Sedum bulbiferum* Makino

凹叶景天 *Sedum emarginatum* Migo

佛甲草 *Sedum lineare* Thunb.

垂盆草 *Sedum sarmentosum* Bunge

繁缕景天 *Sedum stellariifolium* Franch.

29 虎耳草科 Saxifragaceae

虎耳草 *Saxifraga stolonifera* Curt.

黄水枝 *Tiarella polyphylla* D.Don

30 石竹科 Caryophyllaceae

无心菜 *Arenaria serpyllifolia* L.

球序卷耳 *Cerastium glomeratum* Thuill.

鹅肠菜 *Myosoton aquaticum*（L.）Moench

漆姑草 *Sagina japonica*（Sw.）Ohwi

繁缕 *Stellaria media*（L.）Cyr.

雀舌草 *Stellaria uliginosa* Murr.

星毛繁缕 *Stellaria vestita* Kurcz.

31 粟米草科 Molluginaceae

粟米草 *Mollugo stricta* L.

32 马齿苋科 Portulacaceae

马齿苋 *Portulaca oleracea* L.

33 蓼科 Polygonaceae

金线草 *Antenoron filiforme*（Thunb.）Rob.et Vaut.

金荞麦 *Fagopyrum dibotrys*（D.Don）Hara

何首乌 *Fallopia multiflora*（Thunb.）Harald.

萹蓄 *Polygonum aviculare* L.

火炭母 *Polygonum chinense* L.

蓼子草 *Polygonum criopolitanum* Hance

水蓼 *Polygonum hydropiper* L.

蚕茧草 *Polygonum japonicum* Meisn.

愉悦蓼 *Polygonum jucundum* Meisn.

酸模叶蓼 *Polygonum lapathifolium* L.

长鬃蓼 *Polygonum longisetum* De Br.

杠板归 *Polygonum perfoliatum* L.

习见蓼 *Polygonum plebeium* R.Br.

丛枝蓼 *Polygonum posumbu* Buch.–Ham.ex D.Don

赤胫散 *Polygonum runcinatum* var.*sinense* Hemsl.

箭叶蓼 *Polygonum sieboldii* Meisn.

戟叶蓼 *Polygonum thunbergii* Sieb.

虎杖 *Reynoutria japonica* Houtt.

酸模 *Rumex acetosa* L.

皱叶酸模 *Rumex crispus* L.

齿果酸模 *Rumex dentatus* L.

羊蹄 *Rumex japonicus* Houtt.

长刺酸模 *Rumex trisetifer* Stokes

34 商陆科 Phytolaccaceae

垂序商陆 * *Phytolacca americana* L.

35 藜科 Chenopodiaceae

藜 *Chenopodium album* L.

土荆芥 * *Chenopodium ambrosioides* L.

36 苋科 Amaranthaceae

土牛膝 *Achyranthes aspera* L.

牛膝 *Achyranthes bidentata* Blume

喜旱莲子草 * *Alternanthera philoxeroides*（Mart.）Griseb.

莲子草 *Alternanthera sessilis*（L.）DC.

凹头苋 * *Amaranthus lividus* L.

绿穗苋 * *Amaranthus hybridus* L.

刺苋 * *Amaranthus spinosus* L.

苋菜 * *Amaranthus tricolor* L.

青葙 *Celosia argentea* L.

37 牻牛儿苗科 Geraniaceae

野老鹳草 *Geranium carolinianum* L.

38 酢浆草科 Oxalidaceae

酢浆草 *Oxalis corniculata* L.

39 千屈菜科 Lythraceae

水苋菜 *Ammannia baccifera* L.

尾叶紫薇 *Lagerstroemia caudata* Chun et How ex S.Lee et L.Lau

紫薇 *Lagerstroemia indica* L.

圆叶节节菜 *Rotala rotundifolia*（Buch.–Ham.ex Roxb.）Koehne

40 石榴科 Punicaceae

石榴 * *Punica granatum* L.

41 柳叶菜科 Onagraceae

假柳叶菜 *Ludwigia epilobioides* Maxim.

42 小二仙草科 Haloragaceae

小二仙草 *Haloragis micrantha*（Thunb.）R.Br.

穗状狐尾藻 *Myriophyllum spicatum* L.

43 水马齿科 Callitrichaceae

沼生水马齿 *Callitriche palustris* L.

44 瑞香科 Thymelaeaceae

芫花 *Daphne genkwa* Sieb.et Zucc.

南岭荛花 *Wikstroemia indica*（Linn.）C.A.Mey

45 山龙眼科 Proteaceae

网脉山龙眼 *Helicia reticulata* W.T.Wang

46 海桐花科 Pittosporaceae

海金子 *Pittosporum illicioides* Makino

海桐＊ *Pittosporum tobira*（Thunb.）Ait.

47 大风子科 Flacourtiaceae

山桐子 *Idesia polycarpa* Maxim.

柞木 *Xylosma racemosum*（Sieb.et Zucc.）Miq.

48 葫芦科 Cucurbitaceae

盒子草 *Actinostemma tenerum* Griff.

冬瓜＊ *Benincasa hispida*（Thunb.）Cogn.

黄瓜＊ *Cucumis sativus* Linn.

南瓜＊ *Cucurbita moschata*（Duch.ex Lam.）Duch.ex Poiret

绞股蓝 *Gynostemma pentaphyllum*（Thunb.）Makino

匏瓜＊ *Lagenaria siceraria* var.*hispida*（Thunb.）Hara

丝瓜＊ *Luffa cylindrica*（Linn.）Roem.

苦瓜＊ *Momordica charantia* Linn.

木鳖 *Momordica cochinchinensis*（Lour.）Spreng.

栝楼 *Trichosanthes kirilowii* Maxim.

马交儿 *Zehneria indica*（Lour.）Keraudren

49 秋海棠科 Begoniaceae

秋海棠 *Begonia grandis* Dry.

50 山茶科 Theaceae

尖叶川杨桐 *Adinandra bockiana* Pritz.var.*acutifolia*（H.–M.）Kobuski

杨桐 *Adinandra millettii*（Hook.et Arn.）Benth.et Hook.f.ex Hance

尖连蕊茶 *Camellia cuspidata*（Kochs）Wright ex Gard.

油茶 *Camellia oleifera* Abel.

茶 *Camellia sinensis*（L.）O.Ktze.

红淡比 *Cleyera japonica* Thunb.

厚叶红淡比 *Cleyera pachyphylla* Chun ex Chang

翅柃 *Eurya alata* Kobuski

格药柃 *Eurya muricata* Dunn

银木荷 *Schima argentea* Pritz.

木荷 *Schima superba* Gardn.et Champ.

厚皮香 *Ternstroemia gymnanthera*（Wight et Arn.）Beddome

51 猕猴桃科 Actinidiaceae

中华猕猴桃 *Actinidia chinensis* Planch.

毛花猕猴桃 *Actinidia eriantha* Benth.

52 桃金娘科 Myrtaceae

赤楠 *Syzygium buxifolium* Hook.et Arn.

贵州蒲桃 *Syzygium handelii* Merr.et Perry

53 野牡丹科 Melastomataceae

地菍 *Melastoma dodecandrum* Lour.

金锦香 *Osbeckia chinensis* Linn.

朝天罐 *Osbeckia opipara* C.Y.Wu et C.Chen

54 金丝桃科 Hypericaceae

地耳草 *Hypericum japonicum* Thunb.ex Murray

金丝桃 *Hypericum monogynum* L.

元宝草 *Hypericum sampsonii* Hance

55 椴树科 Tiliaceae

田麻 *Corchoropsis tomentosa*（Thunb.）Makino

扁担杆 *Grewia biloba* G.Don

56 杜英科 Elaeocarpaceae

褐毛杜英 *Elaeocarpus duclouxii* Gagn.

秃瓣杜英 *Elaeocarpus glabripetalus* Merr.

日本杜英 *Elaeocarpus japonicus* Sieb.et Zucc.

猴欢喜 *Sloanea sinensis*（Hance）Hemsl.

57 梧桐科 Sterculiaceae

梧桐 *Firmiana simplex*（L.）W.Wight

马松子 *Melochia corchorifolia* Linn.

瑶山梭椤树 *Reevesia glaucophylla* Hsue

58 锦葵科 Malvaceae

黄葵 *Abelmoschus moschatus*（L.）Medicus

苘麻 *Abutilon theophrasti* Medicus

木芙蓉* *Hibiscus mutabilis* Linn.

木槿* *Hibiscus syriacus* Linn.

冬葵* *Malva crispa* Linn.

地桃花 *Urena lobata* L.var.lobata

59 大戟科 Euphorbiaceae

铁苋菜 *Acalypha australis* L.

山麻杆 *Alchornea davidii* Franch.

重阳木 *Bischofia polycarpa*（Levl.）Airy Shaw

泽漆 *Euphorbia helioscopia* Linn.

飞扬草 *Euphorbia hirta* Linn.

地锦草 *Euphorbia humifusa* Willd.

钩腺大戟 *Euphorbia sieboldiana* Morr.et Decne

千根草 *Euphorbia thymifolia* Linn.

算盘子 *Glochidion puberum*（Linn.）Hutch.

白背叶 *Mallotus apelta*（Lour.）Muell.–Arg.

毛桐 *Mallotus barbatus*（Wall.）Muell.–Arg.

粗糠柴 *Mallotus philippensis*（Lam.）Muell.–Arg.var.*philippensis*

石岩枫 *Mallotus repandus*（Willd.）Muell.–Arg.

杠香藤 *Mallotus repandus* var.*cbrysocarpus*（Pamp）S.M.Hwang

青灰叶下珠 *Phyllanthus glaucus* Wall.ex Muell.–Arg.

叶下珠 *Phyllanthus urinaria* Linn.

黄珠子草 *Phyllanthus virgatus* Forst.f.

蓖麻* *Ricinus communis* L.

山乌桕 *Sapium discolor*（Champ.ex Benth.）Muell.Arg.

乌桕 *Sapium sebiferum*（Linn.）Roxb.

油桐 *Vernicia fordii*（Hemsl.）Airy Shaw

千年桐 *Vernicia montana* Lour.

60 交让木科 Daphniphyllaceae

虎皮楠 *Daphniphyllum oldhami*（Hemsl.）Rosenth.

61 鼠刺科 Iteaceae

鼠刺 *Itea chinensis* Hook.et Arn.

62 绣球花科 Hydrangeaceae

中国绣球 *Hydrangea chinensis* Maxim.

圆锥绣球 *Hydrangea paniculata* Sieb.

蜡莲绣球 *Hydrangea strigosa* Rehd.

冠盖藤 *Pileostegia viburnoides* Hook.f.et Thoms.

63 蔷薇科 Rosaceae

龙芽草 *Agrimonia pilosa* Ldb.

桃* *Amygdalus persica* L.

钟花樱 *Cerasus campanulata*（Maxim.）Yu et Li

尾叶樱 *Cerasus dielsiana*（Schneid.）Yu et Li

野山楂 *Crataegus cuneata* Sieb.et Zucc.

蛇莓 *Duchesnea indica*（Andr.）Focke

枇杷* *Eriobotrya japonica*（Thunb.）Lindl.

柔毛路边青 *Geum japonicum* var.*chinense* F.Bolle

棣棠花 *Kerria japonica*（L.）DC.

橉木稠李 *Padus buergeriana*（Miq.）Yu et Ku

临桂石楠 *Photinia chihsiniana* Kuan.

小叶石楠 *Photinia parvifolia*（Pritz.）Schneid.

桃叶石楠 *Photinia prunifolia*（Hook.et Arn.）Lindl.

石楠 *Photinia serrulata* Lindl.

委陵菜 *Potentilla chinensis* Ser.

蛇含委陵菜 *Potentilla kleiniana* Wight et Arn.

李* *Prunus salicina* Lindl.

火棘 *Pyracantha fortuneana*（Maxim.）Li

豆梨 *Pyrus calleryana* Dcne.

麻梨* *Pyrus serrulata* Rehd.

石斑木 *Raphiolepis indica*（L.）Lindl.

月季花* *Rosa chinensis* Jacq.

小果蔷薇 *Rosa cymosa* Tratt.

金樱子 *Rosa laevigata* Michx.

野蔷薇 *Rosa multiflora* Thunb.

粉团蔷薇 *Rosa multiflora* var.*cathayensis* Rehd.et Wils.

玫瑰 * *Rosa rugosa* Thunb.

寒莓 *Rubus buergeri* Miq.

山莓 *Rubus corchorifolius* L.f.

插田泡 *Rubus coreanus* Miq.

白叶莓 *Rubus innominatus* S.Moore

灰毛泡 *Rubus irenaeus* Focke

高粱泡 *Rubus lambertianus* Ser.

茅莓 *Rubus parvifolius* L.

锈毛莓 *Rubus reflexus* Ker

空心泡 *Rubus rosaefolius* Smith

红腺悬钩子 *Rubus sumatranus* Miq.

灰白毛莓 *Rubus tephrodes* Hance

地榆 *Sanguisorba officinalis* L.

石灰花楸 *Sorbus folgneri*（Schneid.）Rehd.

中华绣线菊 *Spiraea chinensis* Maxim.

华空木 *Stephanandra chinensis* Hance

64 含羞草科 Mimosaceae

藤金合欢 *Acacia sinuata*（Lour.）Merr.

合欢 *Albizia julibrissin* Durazz.

65 苏木科 Caesalpiniaceae

龙须藤 *Bauhinia championii*（Benth.）Benth.

云实 *Caesalpinia decapetala*（Roth）Alston

槐叶决明 * *Cassia sophera* Linn.

紫荆 * *Cercis chinensis* Bunge

皂荚 *Gleditsia sinensis* Lam.

老虎刺 *Pterolobium punctatum* Hemsl.

66 蝶形花科 Fabaceae

合萌 *Aeschynomene indica* Linn.

两型豆 *Amphicarpaea edgeworthii* Benth.

落花生 * *Arachis hypogaea* Linn.

紫云英 *Astragalus sinicus* L.

网络鸡血藤 *Callerya reticulata*（Benth.）Schot

喙果鸡血藤 *Callerya tsui*（F.P.Metcalf）Z.Wei & Pedley

杭子梢 *Campylotropis macrocarpa*（Bge.）Rehd.

翅荚香槐 *Cladrastis platycarpa*（Maxim.）Makino

藤黄檀 *Dalbergia hancei* Benth.

黄檀 *Dalbergia hupeana* Hance

象鼻藤 *Dalbergia mimosoides* Franch.

小槐花 *Desmodium caudatum*（Thunb.）DC.

野扁豆 *Dunbaria villosa*（Thunb.）Makino

大豆 * *Glycine max*（Linn.）Merr.

野大豆 *Glycine soja* Sieb.et Z.

尖叶长柄山蚂蝗 *Hylodesmum podocarpum* subsp.*oxyphyllum*（Candolle）H.Ohashi & R.R.Mill

宜昌木蓝 *Indigofera decora* var.*ichangensis*（Craib）Y.Y.Fang et C.Z.Zheng

马棘 *Indigofera pseudotinctoria* Matsum.

鸡眼草 *Kummerowia striata*（Thunb.）Schindl.

扁豆 * *Lablab purpureus*（Linn.）Sweet Hort

胡枝子 *Lespedeza bicolor* Turcz.

截叶铁扫帚 *Lespedeza cuneata* G.Don

大叶胡枝子 *Lespedeza davidii* Franch.

美丽胡枝子 *Lespedeza formosa*（Vog.）Koehne

铁马鞭 *Lespedeza pilosa*（Thunb.）Sieb.et Zucc.

香花崖豆藤 *Millettia dielsiana* Harms

厚果崖豆藤 *Millettia pachycarpa* Benth.

花榈木 *Ormosia henryi* Prain

菜豆 * *Phaseolus vulgaris* Linn.

葛 *Pueraria montana*（Loureiro）Merrill

刺槐 * *Robinia pseudoacacia* Linn.

槐树 *Sophora japonica* L.

红车轴草 * *Trifolium pratense* Linn.

白车轴草 * *Trifolium repens* Linn.

小巢菜 *Vicia hirsuta*（Linn.）S.F.Gray

救荒野豌豆 *Vicia sativa* Linn.

四籽野豌豆 *Vicia tetrasperma*（Linn.）Schreber

豇豆 * *Vigna unguiculata*（Linn.）Walp.

野豇豆 *Vigna vexillata*（L.）Rich.

紫藤 *Wisteria sinensis*（Sims）Sweet

67 金缕梅科 Hamamelidaceae

枫香 *Liquidambar formosana* Hance

檵木 *Loropetalum chinense*（R.Br.）Oliv.

68 杜仲科 Eucommiaceae

杜仲* *Eucommia ulmoides* Oliver

69 黄杨科 Buxaceae

黄杨* *Buxus microphylla* subsp.*sinica*（Rehd.et Wils.）Hatusima

野扇花 *Sarcococca ruscifolia* Stapf

70 杨柳科 Salicaceae

响叶杨 *Populus adenopoda* Maxim.

加杨* *Populus canadensis* Moench.

垂柳* *Salix babylonica* L.

腺柳 *Salix chaenomeloides* Kimura

粤柳 *Salix mesnyi* Hance

71 杨梅科 Myricaceae

杨梅 *Myrica rubra* Sieb.et Zucc.

72 桦木科 Betulaceae

桤木* *Alnus cremastogyne* Burk.ex Forb.et Hemsl.

江南桤木 *Alnus trabeculosa* H.–M.

光皮桦 *Betula luminifera* H.Winkl.

73 榛科 Corylaceae

雷公鹅耳枥 *Carpinus viminea* Wall.

74 壳斗科 Fagaceae

锥栗 *Castanea henryi*（Skan）Rehd.et Wils.

板栗* *Castanea mollissima* Bl.

茅栗 *Castanea seguinii* Dode

小红栲 *Castanopsis carlesii*（Hemsl.）Hayata

甜槠 *Castanopsis eyrei*（Champ.）Tutch.

栲树 *Castanopsis fargesii* Franch.

东南栲 *Castanopsis jucunda* Hance

鹿角栲 *Castanopsis lamontii* Hance

苦槠 *Castanopsis sclerophylla*（Lindl.）Schott.

钩栲 *Castanopsis tibetana* Hance

青冈 *Cyclobalanopsis glauca*（Thunb.）Oerst.

细叶青冈 *Cyclobalanopsis gracilis*（Rehd.et Wils.）Cheng et T.Hong

石栎 *Lithocarpus glaber*（Thunb.）Nakai

长叶石栎 *Lithocarpus henryi*（Seem.）Rehd.et Wils.

白栎 *Quercus fabri* Hance

75 榆科 Ulmaceae

糙叶树 *Aphananthe aspera*（Thunb.）Planch.

紫弹朴 *Celtis biondii* Pamp.

朴树 *Celtis sinensis* Pers.

青檀 *Pteroceltis tatarinowii* Maxim.

山油麻 *Trema cannabina* var.*dielsiana*（Hand.–Mazz.）C.J.Chen

多脉榆 *Ulmus castaneifolia* Hemsl.

榔榆 *Ulmus parvifolia* Jacq.

76 桑科 Moraceae

小构树 *Broussonetia kazinoki* Sieb.

构树 *Broussonetia papyifera*（Linn.）L'Hert.ex Vent.

石榕树 *Ficus abelii* Miq.

天仙果 *Ficus erecta* Thunb.

异叶榕 *Ficus heteromorpha* Hemsl.

薜荔 *Ficus pumila* L.

珍珠莲 *Ficus sarmentosa* var.*henryi*（King ex Oliv.）Corner

地瓜榕 *Ficus tikoua* Bur.

构棘 *Maclura cochinchinensis*（Lour.）Corner

桑 *Morus alba* Linn.

鸡桑 *Morus australis* Poir.

77 荨麻科 Urticaceae

苎麻 *Boehmeria nivea*（L.）Gaud.var.*nivea*

悬铃叶苎麻 *Boehmeria tricuspis*（Hance）Makino

楼梯草 *Elatostema involucratum* Franch.et sav.

托叶楼梯草 *Elatostema nasutum* Hook.f.

糯米团 *Gonostegia hirta*（Bl.）Miq.

毛花点草 *Nanocnide lobata* Wedd.

紫麻 *Oreocnide frutescens*（Thunb.）Miq.

赤车 *Pellionia radicans*（Sieb.et Zucc.）Wedd.

冷水花 *Pilea notata* C.H.Wright

粗齿冷水花 *Pilea sinofasciata* C.J.Chen

宽叶荨麻 *Urtica laetevirens* Maxim.

78 大麻科 Cannabaceae

葎草 *Humulus scandens*（Lour.）Merr.

79 冬青科 Aquifoliaceae

满树星 *Ilex aculeolata* Nakai

冬青 *Ilex chinensis* Sims

枸骨 *Ilex cornuta* Lindl.et Paxt.

小果冬青 *Ilex micrococca* Maxim.

铁冬青 *Ilex rotunda* Thunb.

80 卫矛科 Celastraceae

苦皮藤 *Celastrus angulatus* Maxim.

显柱南蛇藤 *Celastrus stylosus* Wall.

扶芳藤 *Euonymus fortunei*（Turcz.）Hand.–Mazz.

冬青卫矛* *Euonymus japonicus* Thunb.

81 茶茱萸科 Icacinaceae

马比木 *Nothapodytes pittosporoides*（Oliv.）Sleum.

82 铁青树科 Olacaceae

青皮木 *Schoepfia jasminodora* Sieb. et Zucc

83 桑寄生科 Loranthaceae

桑寄生 *Taxillus sutchuenensis*（Lecomte）Danser

大苞寄生 *Tolypanthus maclurei*（Merr.）Danser

84 槲寄生科 Viscaceae

扁枝槲寄生 *Viscum articulatum* Burm.f.

85 鼠李科 Rhamnaceae

多花勾儿茶 *Berchemia floribunda*（Wall.）Brongn.

枳椇 *Hovenia acerba* Lindl.

铜钱树 *Paliurus hemsleyanus* Rehd.

长叶冻绿 *Rhamnus crenata* Sieb.et Zucc.

冻绿 *Rhamnus utilis* Decne.

尼泊尔鼠李 *Rhamnus napalensis*（Wall.）Laws.

皱叶鼠李 *Rhamnus rugulosa* Hemsl.

皱叶雀梅藤 *Sageretia rugosa* Hance

枣 * *Ziziphus jujuba* Mill.

86 胡颓子科 Elaeagnaceae

胡颓子 *Elaeagnus pungens* Thunb.

87 葡萄科 Vitaceae

羽叶蛇葡萄 *Ampelopsis chaffanjoni*（Levl.et Vant.）Rehd.

蛇葡萄 *Ampelopsis glandulosa*（Wallich）Momiyama

显齿蛇葡萄 *Ampelopsis grossedentata*（Hand.–Mazz.）W.T.Wang

乌蔹莓 *Cayratia japonica*（Thunb.）Gagnep.

绿叶地锦 *Parthenocissus laetevirens* Rehd.

地锦 *Parthenocissus tricuspidata* (Sieb. &Zucc.) Planch.

崖爬藤 *Tetrastigma obtectum*（Wall.）Planch.

毛葡萄 *Vitis heyneana* Roem.et Schult.

俞藤 *Yua thomsonii*（Laws.）C.L.Li

88 芸香科 Rutaceae

臭节草 *Boenninghausenia albiflora*（Hook.）Reichb.ex Meissn.

柑橘 * *Citrus reticulata* Blanco

金橘 * *Fortunella margarita*（Lour.）Swingle

枳 * *Poncirus trifoliata*（L.）Raf.

臭檀吴茱萸 *Tetradium daniellii*（Benn.）Hemsl.

飞龙掌血 *Toddalia asiatica*（L.）Lam.

樗叶花椒 *Zanthoxylum ailanthoides* Sieb.et Zucc.

竹叶花椒 *Zanthoxylum armatum* DC.

刺壳花椒 *Zanthoxylum echinocarpum* Hemsl.

89 苦木科 Simaroubaceae

臭椿 *Ailanthus altissima*（Mill.）Swingle

90 楝科 Meliaceae

楝树 *Melia azedarach* Linn.

香椿 *Toona sinensis*（A.Juss.）Roem.

91 无患子科 Sapindaceae

复羽叶栾树 *Koelreuteria bipinnata* Franch.

92 槭树科 Aceraceae

紫果槭 *Acer cordatum* Pax

樟叶槭 *Acer coriaceifolia* H.Levl.

青榨槭 *Acer davidii* Franch.

罗浮槭 *Acer fabri* Hance

飞蛾槭 *Acer oblongum* Wall.ex DC.

93 清风藤科 Sabiaceae

红枝柴 *Meliosma oldhamii* Maxim.

清风藤 *Sabia japonica* Maxim.

尖叶清风藤 *Sabia swinhoei* Hemsl.ex Forb.et Hemsl.

94 漆树科 Anacardiaceae

南酸枣 *Choerospondias axillaris*（Roxb.）Burtt et Hill.

黄连木 *Pistacia chinensis* Bunge

盐肤木 *Rhus chinensis* Mill.

野漆 *Toxicodendron succedaneum*（L.）O.Kuntze

木蜡树 *Toxicodendron sylvestre*（Sieb.et Zucc.）O.Kuntze

95 胡桃科 Juglandaceae

湖南山核桃 *Carya hunanensis* Cheng et R.H.Chang

黄杞 *Engelhardtia roxburghiana* Wall.

野核桃 *Juglans mandshurica* Maxim.

化香 *Platycarya strobilacea* Sieb.et Zucc.

枫杨 *Pterocarya stenoptera* C.DC.

96 山茱萸科 Cornaceae

尖叶四照花 *Dendrobenthamia angustata*（Chun）Fang

97 八角枫科 Alangiaceae

八角枫 *Alangium chinense*（Lonr.）Harms

小花八角枫 *Alangium faberi* Oliv.

毛八角枫 *Alangium kurzii* Craib

98 蓝果树科 Nyssaceae

喜树 *Camptotheca acuminata* Decne.

99 五加科 Araliaceae

楤木 *Aralia chinensis* Linn.

棘茎楤木 *Aralia echinocaulis* H.–M.

树参 *Dendropanax dentigerus*（Harms）Merr.

细柱五加 *Eleutherococcus nodiflorus*（Dunn）S.Y.Hu

白簕 *Eleutherococcus trifoliatus*（Linnaeus）S.Y.Hu

常春藤 *Hedera nepalensis* var.*sinensis*（Tobl.）Rehd.

刺楸 *Kalopanax septemlobus*（Thunb.）Koidz.

穗序鹅掌柴 *Schefflera delavayi*（Franch.）Harms ex Diels.

通脱木 *Tetrapanax papyrifer*（Hook.）K.Koch.

100 伞形科 Umbelliferae

积雪草 *Centella asiatica*（L.）Urban

鸭儿芹 *Cryptotaenia japonica* Hassk.

红马蹄草 *Hydrocotyle nepalensis* Hook.

天胡荽 *Hydrocotyle sibthorpioides* Lam.

破铜钱 *Hydrocotyle sibthorpioides* var.*batrachium*（Hance）Hand.–Mazz.ex Shan

水芹 *Oenanthe javanica*（Bl.）DC.

天蓝变豆菜 *Sanicula caerulescens* Franch.

直刺变豆菜 *Sanicula orthacantha* S.Moore

小窃衣 *Torilis japonica*（Houtt.）DC.

窃衣 *Torilis scabra*（Thunb.）DC.

101 桤叶树科 Clethraceae

贵州桤叶树 *Clethra kaipoensis* Levl.

102 杜鹃花科 Ericaceae

美丽马醉木 *Pieris formosa*（Wall.）D.Don

美被杜鹃 *Rhododendron calostrotum* Balf.f.et K.Ward

鹿角杜鹃 *Rhododendron latoucheae* Franch.

满山红 *Rhododendron mariesii* Hemsl.et Wils.

马银花 *Rhododendron ovatum*（Lindl.）Planch.ex Maxim.

锦绣杜鹃 * *Rhododendron pulchrum* Sweet

映山红 *Rhododendron simsii* Planch.

103 越橘科 Vacciniaceae

南烛 *Vaccinium bracteatum* Thunb.

江南越橘 *Vaccinium mandarinorum* Diels

104 柿树科 Ebenaceae

山柿 *Diospyros japonica* Siebold et Zucc.

柿 * *Diospyros kaki* Thunb.

野柿 *Diospyros kaki* var.*silvestris* Makino

油柿 *Diospyros oleifera* Cheng

105 紫金牛科 Myrsinaceae

九管血 *Ardisia brevicaulis* Diels

朱砂根 *Ardisia crenata* Sims

紫金牛 *Ardisia japonica*（Thunb）Blume

网脉酸藤子 *Embelia rudis* H.－M.

杜茎山 *Maesa japonica*（Thunb.）Moritzi.

密花树 *Rapanea seguinii* H.Levl.

106 安息香科 Styracaceae

赤杨叶 *Alniphyllum fortunei*（Hemsl.）Makino

赛山梅 *Styrax confusus* Hemsl.

白花龙 *Styrax faberi* Perk.

野茉莉 *Styrax japonicus* Sieb.et Zucc.

107 山矾科 Symplocaceae

薄叶山矾 *Symplocos anomala* Brand

黄牛奶树 *Symplocos laurina*（Retz.）Wall.

对萼山矾 *Symplocos lucidae*（Thunb.）Sieb.et Zucc.

白檀 *Symplocos paniculata*（Thunb.）Miq.

老鼠矢 *Symplocos stellaris* Brand

山矾 *Symplocos sumuntia* Buch.－Ham.ex D.Don

棱角山矾 *Symplocos tetragona* Chen ex Y.F.Wu

108 马钱科 Strychnaceae

醉鱼草 *Buddleja lindleyana* Fortune

109 木犀科 Oleaceae

苦枥木 *Fraxinus insularis* Hemsl.

蜡子树 *Ligustrum molliculum* Hance

女贞 *Ligustrum lucidum* Ait.

桂花 *Osmanthus fragrans*（Thunb.）Lour.

110 夹竹桃科 Apocynaceae

络石 *Trachelospermum jasminoides*（Lindl.）Lem.

111 萝藦科 Asclepiadaceae

白薇 *Cynanchum atratum* Bunge

柳叶白前 *Cynanchum stauntonii*（Decne.）Schltr.ex Levl.

牛奶菜 *Marsdenia sinensis* Hemsl.

112 茜草科 Rubiaceae

水团花 *Adina pilulifera*（Lam.）Franch.ex Drake

细叶水团花 *Adina rubella* Hance

风箱树 *Cephalanthus tetrandrus*（Roxb.）Ridsd.et Bakh.f.

流苏子 *Coptosapelta diffusa*（Champ.ex Benth.）Van Steenis

狗骨柴 *Diplospora dubia*（Lindl.）Masam.

猪殃殃 *Galium aparine* var.*tenerum*（Gren.et Godr）Rchb.

拉拉藤 *Galium aparine* var.*echinospermum*（Wallr.）Cuf.

四叶葎 *Galium bungei* Steud.

栀子 *Gardenia jasminoides* Ellis

大花栀子* *Gardenia jasminoides* Ellis var.*fortuniana*（Lindl.）Hara

金毛耳草 *Hedyotis chrysotricha*（Palib.）Merr.

白花蛇舌草 *Hedyotis diffusa* Willd.

榄绿粗叶木 *Lasianthus japonicus* var.*lancilimbus*（Merr.）C.Y.Wu et H.Zhu

羊角藤 *Morinda umbellata* L.

大叶白纸扇 *Mussaenda esquirolii* Levl.

玉叶金花 *Mussaenda pubescens* Ait.f.

日本蛇根草 *Ophiorrhiza japonica* Bl.

鸡矢藤 *Paederia scandens*（Lour.）Merr.

毛鸡矢藤 *Paederia scandens* var.*tomentosa*（Bl.）Hand.–Mazz.

六月雪 *Serissa japonica*（Thunb.）Thunb.

鸡仔木 *Sinoadina racemosa*（Sieb.et Zucc.）Ridsd.

钩藤 *Uncaria rhynchophylla*（Miq.）Miq.ex Havil.

113 忍冬科 Caprifoliaceae

忍冬 *Lonicera japonica* Thunb.

灰毡毛忍冬 *Lonicera macranthoides* Hand.–Mazz.

接骨草 *Sambucus chinensis* Lindl.

水红木 *Viburnum cylindricum* Buch.– Ham.ex D.Don

荚蒾 *Viburnum dilatatum* Thunb.

南方荚蒾 *Viburnum fordiae* Hance

珊瑚树 *Viburnum odoratissimum* Ker–Gawl.

蝴蝶戏珠花 *Viburnum plicatum* var.*tomentosum*（Thunb.）Miq.

常绿荚蒾 *Viburnum sempervirens* K.Koch

茶荚蒾 *Viburnum setigerum* Hance

合轴荚蒾 *Viburnum sympodiale* Graebn.

114 败酱科 Valerianaceae

攀倒甑 *Patrinia villosa*（Thunb.）Juss.

115 菊科 Compositae

下田菊 *Adenostemma lavenia*（L.）O.Kuntze

藿香蓟 *Ageratum conyzoides* L.

杏香兔儿风 *Ainsliaea fragrans* Champ.

铁灯兔儿风 *Ainsliaea macroclinidioides* Hayata

多枝兔儿风 *Ainsliaea ramosa* Hemsl.

奇蒿 *Artemisia anomala* S.Moore

艾 *Artemisia argyi* Levl.et Van.

茵陈蒿 *Artemisia capillaris* Thunb.

五月艾 *Artemisia indica* Willd.

牡蒿 *Artemisia japonica* Thunb.

白苞蒿 *Artemisia lactiflora* Wall.ex DC.

三脉紫菀 *Aster ageratoides* Turcz.

鬼针草 *Bidens pilosa* L.

狼把草 *Bidens tripartita* L.

天名精 *Carpesium abrotanoides* L.

烟管头草 *Carpesium cernuum* L.

石胡荽 *Centipeda minima*（L.）A.Br.et Ascher.

茼蒿 * *Chrysanthemum coronarium* L.

大蓟 *Cirsium japonicum* Fisch.ex DC.

总序蓟 *Cirsium racemiforme* Ling et Shih

刺儿菜 *Cirsium setosum*（Willd.）MB.

香丝草 * *Conyza bonariensis*（L.）Cronq.

小蓬草* *Conyza canadensis*（L.）Cronq.

野茼蒿 *Crassocephalum crepidioides*（Benth.）S.Moore

鱼眼草 *Dichrocephala auriculata*（Thunb.）Druce

鳢肠 *Eclipta prostrata*（L.）L.

小一点红 *Emilia prenanthoidea* DC.

一年蓬* *Erigeron annuus*（L.）Pers.

白头婆 *Eupatorium japonicum* Thunb.

毛大丁草 *Gerbera piloselloides*（L.）Cass.

鼠麴草 *Gnaphalium affine* D.Don

秋鼠麴草 *Gnaphalium hypoleucum* DC.

细叶鼠麴草 *Gnaphalium japonicum* Thunb.

菊芋* *Helianthus tuberosus* L.

泥胡菜 *Hemistepta lyrata*（Bunge）Bunge

羊耳菊 *Inula cappa*（Buch.–Ham.）DC.

细叶小苦荬 *Ixeridium gracile*（DC.）Shih

苦荬菜 *Ixeris polycephala* Cass.

马兰 *Kalimeris indica*（L.）Sch.–Bip.

莴苣* *Lactuca sativa* L.

稻槎菜 *Lapsana apogonoides* Maxim.

假福王草 *Paraprenanthes sororia*（Miq.）Shih

高大翅果菊 *Pterocypsela elata*（Hemsl.）Shih

翅果菊 *Pterocypsela indica*（L.）Shih

三角叶风毛菊 *Saussurea deltoidea*（DC.）C.B.Clarke

千里光 *Senecio scandens* Buch.–Ham.ex D.Don

豨莶 *Siegesbeckia orientalis* L.

蒲儿根 *Sinosenecio oldhamianus*（Maxim.）B.Nord.

一枝黄花 *Solidago decurrens* Lour.

苦苣菜 *Sonchus oleraceus* L.

蒲公英 *Taraxacum mongolicum* Hand.–Mazz.

夜香牛 *Vernonia cinerea*（L.）Less.

苍耳 *Xanthium sibiricum* Patrin ex Widder

黄鹌菜 *Youngia japonica*（L.）DC.

116 睡菜科 Menyanthaceae

荇菜 *Nymphoides peltata*（Gmel.）O.Kuntze

117 报春花科 Primulaceae

广西过路黄 *Lysimachia alfredii* Hance

过路黄 *Lysimachia christinae* Hance

珍珠菜 *Lysimachia clethroides* Duby

聚花过路黄 *Lysimachia congestiflora* Hemsl.

红根草 *Lysimachia fortunei* Maxim.

山萝过路黄 *Lysimachia melampyroides* R.Kunth

落地梅 *Lysimachia paridiformis* Franch.

小叶珍珠菜 *Lysimachia parvifolia* Franch.

湖南报春 *Primula hunanensis* G.Hao，C.M.Hu & X.L.Yu

118 车前草科 Plantaginaceae

车前 *Plantago asiatica* L.

119 桔梗科 Campanulaceae

杏叶沙参 *Adenophora petiolata* Pax et Hoffm.subsp.*hunanensis*（Nannf.）D.Y.Hong et S.Ge

羊乳 *Codonopsis lanceolata*（Sieb.et Zucc.）Trautv.

蓝花参 *Wahlenbergia marginata*（Thunb.）A.DC.

120 半边莲科 Lobeliaceae

半边莲 *Lobelia chinensis* Lour.

121 紫草科 Boraginaceae

柔弱斑种草 *Bothriospermum tenellum*（Hornem.）Fisch.et Mey.

厚壳树 *Ehretia acuminata* R.Br.

粗糠树 *Ehretia macrophylla* Wall.

盾果草 *Thyrocarpus sampsonii* Hance

附地菜 *Trigonotis peduncularis*（Trev.）Benth.ex Baker et Moore

122 茄科 Solanaceae

辣椒* *Capsicum annuum* L.

单花红丝线 *Lycianthes lysimachioides*（Wall.）Bitter

枸杞 *Lycium chinense* Mill.

假酸浆* *Nicandra physaloides*（L.）Gaertn.

烟草* *Nicotiana tabacum* L.

牛茄子 *Solanum capsicoides* Alli.

白英 *Solanum lyratum* Thunb.

茄 * *Solanum melongena* L.

龙葵 *Solanum nigrum* L.

珊瑚樱 * *Solanum pseudocapsicum* L.

马铃薯 * *Solanum tuberosum* L.

123 旋花科 Convolvulaceae

打碗花 *Calystegia hederacea* Wall.ex.Roxb.

旋花 *Calystegia sepium*（Linn.）R.Br.

马蹄金 *Dichondra micrantha* Urb.

飞蛾藤 *Dinetus racemosus*（Roxb.）Buch.-Ham.ex Sweet

蕹菜 * *Ipomoea aquatica* Forsk.

番薯 * *Ipomoea batatas*（Linn.）Lam.

三裂叶薯 * *Ipomoea triloba* Linn.

124 菟丝子科 Cuscutaceae

菟丝子 *Cuscuta chinensis* Lam.

125 玄参科 Scrophulariaceae

中华石龙尾 *Limnophila chinensis*（Osbeck）Merrill

石龙尾 *Limnophila sessiliflora*（Vahl）Blume

泥花草 *Lindernia antipoda*（L.）Alston

母草 *Lindernia crustacea*（L.）F.Muell

陌上菜 *Lindernia procumbens*（Krock.）Philcox

通泉草 *Mazus pumilus*（N.L.Burman）Steenis

泡桐 *Paulownia fortunei*（Seem.）Hemsl.

台湾泡桐 *Paulownia kawakamii* Ito

腺毛阴行草 *Siphonostegia laeta* S.Moore

蚊母草 *Veronica peregrina* L.

阿拉伯婆婆纳 * *Veronica persica* Poir.

婆婆纳 *Veronica didyma* Tenore

126 狸藻科 Lentibulariaceae

黄花狸藻 *Utricularia aurea* Lour.

挖耳草 *Utricularia bifida* L.

127 苦苣苔科 Gesneriaceae

半蒴苣苔 *Hemiboea subcapitata* C.B.Clarke

东南长蒴苣苔 *Petrocodon hancei*（Hemsl.）Mich.Moller & A.Weber

128 紫葳科 Bignoniaceae

凌霄花 *Campsis grandiflora*（Thunb.）K.Schum.

梓树 *Catalpa ovata* Don

129 胡麻科 Pedaliaceae

茶菱 *Trapella sinensis* Oliv.

130 爵床科 Acanthaceae

水蓑衣 *Hygrophila salicifolia*（Vahl）Nees

爵床 *Rostellularia procumbens*（L.）Nees

131 马鞭草科 Verbenaceae

紫珠 *Callicarpa bodinieri* Levl.

白棠子树 *Callicarpa dichotoma*（Lour.）K.Koch

老鸦糊 *Callicarpa giraldii* Hesse ex Rehd.

红紫珠 *Callicarpa rubella* Lindl.

兰香草 *Caryopteris incana*（Thunb.）Miq.

臭牡丹 *Clerodendrum bungei* Steud.

大青 *Clerodendrum cyrtophyllum* Turcz.

海通 *Clerodendrum mandarinorum* Diels

海州常山 *Clerodendrum trichotomum* Thunb.

豆腐柴 *Premna microphylla* Turcz.

马鞭草 *Verbena officinalis* Linn.

黄荆 *Vitex negundo* Linn.

牡荆 *Vitex negundo* var.*cannabifolia*（Sieb.et Zucc.）Hand.–Mazz.

132 唇形科 Labiatae

金疮小草 *Ajuga decumbens* Thunb.

风轮菜 *Clinopodium chinense*（Benth.）O.Ktze.

细风轮菜 *Clinopodium gracile*（Benth.）Matsum.

水虎尾 *Dysophylla stellata*（Lour.）Benth.

水蜡烛 *Dysophylla yatabeana* Makino

香薷 *Elsholtzia ciliata*（Thunb.）Hyland.

小野芝麻 *Galeobdolon chinense*（Benth.）C.Y.Wu

活血丹 *Glechoma longituba*（Nakai）Kupr

显脉香茶菜 *Isodon nervosus*（Hemsl.）Kudo

野芝麻 *Lamium barbatum* Sieb.et Zucc.

益母草 *Leonurus artemisia*（Laur.）S.Y.Hu

薄荷 *Mentha haplocalyx* L.

石香薷 *Mosla chinensis* Maxim.

小鱼仙草 *Mosla dianthera*（Buch.–Ham.）Maxim.

紫苏 *Perilla frutescens*（Linn.）Britt.

夏枯草 *Prunella vulgaris* Linn.

南丹参 *Salvia bowleyana* Dunn

鼠尾草 *Salvia japonica* Thunb.

荔枝草 *Salvia plebeia* R.Br.

半枝莲 *Scutellaria barbata* D.Don

韩信草 *Scutellaria indica* Linn.

地蚕 *Stachys geobombycis* C.Y.Wu

针筒菜 *Stachys oblongifolia* Benth.

血见愁 *Teucrium viscidum* Bl.

133 水鳖科 Hydrocharitaceae

黑藻 *Hydrilla verticillata*（Linn.f.）Royle

龙舌草 *Ottelia alismoides*（Linn.）Pers.

苦草 *Vallisneria natans*（Lour.）Hara

134 泽泻科 Alismataceae

冠果草 *Sagittaria guyanensis* subsp.*lappula*（D.Don）Bojin

矮慈姑 *Sagittaria pygmaea* Miq.

野慈姑 *Sagittaria trifolia* Linn.

135 眼子菜科 Potamogetonaceae

菹草 *Potamogeton crispus* Linn.

眼子菜 *Potamogeton distinctus* A.Benn.

小眼子菜 *Potamogeton pusillus* L.

136 茨藻科 Najadaceae

纤细茨藻 *Najas gracillima*（A.Braun ex Engelm.）Magnus

小茨藻 *Najas minor* All.

137 鸭跖草科 Commelinaceae

鸭跖草 *Commelina communis* Linn.

聚花草 *Floscopa scandens* Lour.

水竹叶 *Murdannia triquetra*（Wall.）Bruckn.

杜若 *Pollia japonica* Thunb.

138 谷精草科 Eriocaulaceae

谷精草 *Eriocaulon buergerianum* Koern.

139 芭蕉科 Musaceue

芭蕉 *Musa basjoo* Sieb. et Zucc.

140 姜科 Zingiberaceae

山姜 *Alpinia japonica*（Thunb.）Miq.

舞花姜 *Globba racemosa* Smith

阳荷 *Zingiber striolatum* Diels

141 百合科 Liliaceae

粉条儿菜 *Aletris spicata*（Thunb.）Franch.

薤头 *Allium chinense* G.Don

葱* *Allium fistulosum* L.

薤白 *Allium macrostemon* Bunge

韭 *Allium tuberosum* Rottl.ex Spreng.

天门冬 *Asparagus cochinchinensis*（Lour.）Merr

绵枣儿 *Barnardia japonica*（Thunb.）Schult.et Schult.f.

荞麦叶大百合 *Cardiocrinum cathayanum*（Wils.）Stearn

白丝草 *Chionographis chinensis* Krause

山菅 *Dianella ensifolia*（L.）DC.

竹根七 *Disporopsis fuscopicta* Hance

万寿竹 *Disporum cantoniense*（Lour.）Merr.

宝铎草 *Disporum sessile* D.Don

萱草 *Hemerocallis fulva*（L.）L.

野百合 *Lilium brownii* F.E.Brown ex Miellez

阔叶山麦冬 *Liriope muscari*（Decne.）L.H.Bailey

山麦冬 *Liriope spicata*（Thunb.）Lour.

沿阶草 *Ophiopogon bodinieri* Levl.

麦冬 *Ophiopogon japonicus*（L.f.）Ker-Gawl.

大盖球子草 *Peliosanthes macrostegia* Hance

多花黄精 *Polygonatum cyrtonema* Hua

玉竹 *Polygonatum odoratum*（Mill.）Druce

吉祥草 *Reineckea carnea*（Andr.）Kunth

142 延龄草科 Thrilliaceae

球药隔重楼 *Paris fargesii* Franch.

多叶重楼 *Paris polyphylla* Smith

143 雨久花科 Pontederiaceae

凤眼蓝 * *Eichhornia crassipes*（Mart.）Solms

鸭舌草 *Monochoria vaginalis*（Burm.f.）Presl

144 菝葜科 Smilacaceae

菝葜 *Smilax china* L.

托柄菝葜 *Smilax discotis* Warb.

土茯苓 *Smilax glabra* Roxb.

折枝菝葜 *Smilax lanceifolia* Roxb.var.*elongata*（Warb.）Wang et Tang

牛尾菜 *Smilax riparia* A.DC.

短梗菝葜 *Smilax scobinicaulis* C.H.Wright

145 天南星科 Araceae

菖蒲 *Acorus calamus* L.

石菖蒲 *Acorus tatarinowii* Schott

东亚磨芋 *Amorphophallus kiusianus*（Makino）Makino

磨芋 * *Amorphophallus rivieri* Durieu

雷公莲 *Amydrium sinense*（Engl.）H.Li

灯台莲 *Arisaema bockii* Engl.

一把伞南星 *Arisaema erubescens*（Wall.）Schott

天南星 *Arisaema heterophyllum* Blume

芋 * *Colocasia esculenta*（L）.Schott

滴水珠 *Pinellia cordata* N.E.Brown

半夏 *Pinellia ternata*（Thunb.）Breit.

石柑子 *Pothos chinensis*（Raf.）Merr.

146 浮萍科 Lemnaceae

浮萍 *Lemna minor* L.

147 香蒲科 Typhaceae

水烛 *Typha angustifolia* L.

148 石蒜科 Amaryllidaceae

忽地笑 *Lycoris aurea*（L'Herit）Herb.

石蒜 *Lycoris radiata*（L'Her.）Herb.

韭莲* *Zephyranthes grandiflora* Lindl.

149 鸢尾科 Iridaceae

射干 *Belamcanda chinensis*（L.）DC.

扁竹兰 *Iris confusa* Sealy

蝴蝶花 *Iris japonica* Thunb.

小花鸢尾 *Iris speculatrix* Hance

150 薯蓣科 Dioscoreaceae

参薯* *Dioscorea alata* L.

薯莨 *Dioscorea cirrhosa* Lour.

日本薯蓣 *Dioscorea japonica* Thunb.

薯蓣 *Dioscorea opposita* Thunb.

151 棕榈科 Palmaceae

棕榈 *Trachycarpus fortunei*（Hook.）H. Wendl.

152 仙茅科 Hypoxidaceae

小金梅草 *Hypoxis aurea* Lour.

153 兰科 Orchidaceae

细葶无柱兰 *Amitostigma gracile*（Bl.）Schltr.

白芨 *Bletilla striata*（Thunb.ex A.Murray）Rchb.f.

虾脊兰 *Calanthe discolor* Lindl.

钩距虾脊兰 *Calanthe graciliflora* Hayata

建兰 *Cymbidium ensifolium*（L.）Sw.

多花兰 *Cymbidium floribundum* Lindl.

春兰 *Cymbidium goeringii*（Rchb.f.）Rchb.f.

铁皮石斛 *Dendrobium officinale* Kimura et Migo

单叶厚唇兰 *Epigeneium fargesii*（Finet）Gagnep.

斑叶兰 *Goodyera schlechtendaliana* Rchb.f.

毛葶玉凤花 *Habenaria ciliolaris* Kraenzl.

羊耳蒜 *Liparis japonica*（Miq.）Maxim.

见血清 *Liparis nervosa*（Thunb.ex A.Murray）Lindl.

小沼兰 *Malaxis microtatantha*（Schltr.）T.Tang et F.T.Wang

细叶石仙桃 *Pholidota cantonensis* Rolfe

云南石仙桃 *Pholidota yunnanensis* Rolfe

舌唇兰 *Platanthera japonica*（Thunb.ex A.Murray）Lindl.

独蒜兰 *Pleione bulbocodioides*（Franch.）Rolfe

绶草 *Spiranthes sinensis*（Pers.）Ames

154 灯心草科 Juncaceae

翅茎灯心草 *Juncus alatus* Franch.et Savat.

笄石菖 *Juncus prismatocarpus* R.Br.

灯芯草 *Juncus effusus* L.

155 莎草科 Cyperaceae

褐果薹草 *Carex brunnea* Thunb.

缘毛薹草 *Carex craspedotricha* Nelmes

十字薹草 *Carex cruciata* Wahlenb.

蕨状薹草 *Carex filicina* Nees

穹隆薹草 *Carex gibba* Wahlenb.

卵果薹草 *Carex maackii* Maxim.

粉被薹草 *Carex pruinosa* Boott

花葶薹草 *Carex scaposa* C.B.Clare

碎米莎草 *Cyperus iria* Linn.

香附子 *Cyperus rotundus* Linn.

龙师草 *Eleocharis tetraquetra* Nees

刚毛荸荠 *Eleocharis valleculosa* Ohwi

牛毛毡 *Eleocharis yokoscensis*（Franch.et Savat.）Tang et Wang

水虱草 *Fimbristylis miliacea*（Linn.）Vahl

短叶水蜈蚣 *Kyllinga brevifolia* Rottb.

砖子苗 *Mariscus sumatrensis*（Retz.）J.Raynal

水毛花 *Scirpus triangulatus* Roxb.

156 禾本科 *Poaceae*

I 竹亚科 *Bambusoideae*

慈竹 *Neosinocalamus affinis*（Rendle）Keng f.

阔叶箬竹 *Indocalamus latifolius*（Keng）McClure Sunyatsenia

箬竹 *Indocalamus tessellatus*（Munro）Keng f.

毛竹 *Phyllostachys heterocycla*'Pubescens'

水竹 *Phyllostachys heteroclada* Oliv.

篌竹 *Phyllostachys nidularia* Munro

桂竹 *Phyllostachys bambusoides* Sieb.et Zucc.

II 禾亚科 *Agrostidoideae*

看麦娘 *Alopecurus aequalis* Sobol.

日本看麦娘 *Alopecurus japonicus* Steud.

荩草 *Arthraxon hispidus*（Thunb.）Makino

毛秆野古草 *Arundinella hirta*（Thunb.）Tanaka

芦竹 *Arundo donax* L.

野燕麦 *Avena fatua* Linn.

菵草 *Beckmannia syzigachne*（Steud.）Fern.

毛臂形草 *Brachiaria villosa*（Lam.）A.Camus

短柄草 *Brachypodium sylvaticum*（Huds.）Beauv.

拂子茅 *Calamagrostis epigeios*（Linn.）Roth

细柄草 *Capillipedium parviflorum*（R.Br.）Stapf.

薏苡 *Coix lacryma-jobi* L.

橘草 *Cymbopogon goeringii*（Steud.）A.Camus

狗牙根 *Cynodon dactylon*（L.）Pers.

野青茅 *Deyeuxia arundinacea*（Linn.）Beauv.

马唐 *Digitaria sanguinalis*（L.）Scop.

稗 *Echinochloa crusgalli*（L.）Beauv.

无芒稗 *Echinochloa crusgalli* var.*mitis*（Pursh）Peterm.

牛筋草 *Eleusine indica*（L.）Gaertn.

柯孟披碱草 *Elymus kamoji*（Ohwi）S.L.Chen

知风草 *Eragrostis ferruginea*（Thunb.）Beauv.

乱草 *Eragrostis japonica*（Thunb.）Trin.

画眉草 *Eragrostis pilosa*（L.）Beauv.

假俭草 *Eremochloa ophiuroides*（Munro）Hack.

丝茅 *Imperata koenigii*（Retz.）Beauv.

柳叶箬 *Isachne globosa*（Thunb.）Kuntze

有芒鸭嘴草 *Ischaemum aristatum* Linn.

李氏禾 *Leersia hexandra* Swartz.

假稻 *Leersia japonica*（Makino）Honda

千金子 *Leptochloa chinensis*（L.）Nees

淡竹叶 *Lophatherum gracile* Brongn.

五节芒 *Miscanthus floridulus*（Lab.）Warb.ex Schum.et Laut.

芒 *Miscanthus sinensis* Anderss.

类芦 *Neyraudia reynaudiana*（Kunth）Keng

求米草 *Oplismenus undulatifolius*（Arduino）Beauv.

水稻 * *Oryza sativa* L.

双穗雀稗 *Paspalum paspaloides*（Michx.）Scribn.

圆果雀稗 *Paspalum orbiculare* Forst.

雀稗 *Paspalum thunbergii* Kunth ex steud.

狼尾草 *Pennisetum alopecuroides*（L.）Spreng.

显子草 *Phaenosperma globosa* Munro ex Benth.

鹬草 *Phalaris arundinacea* Linn.

芦苇 *Phragmites australis*（Cav.）Trin.ex Steud.

早熟禾 *Poa annua* L.

金丝草 *Pogonatherum crinitum*（Thunb.）Kunth

棒头草 *Polypogon fugax* Nees ex Steud.

囊颖草 *Sacciolepis indica*（L.）A.Chase

大狗尾草 *Setaria faberii* Herrm.

棕叶狗尾草 *Setaria palmifolia*（Koen.）Stapf

金色狗尾草 *Setaria glauca*（L.）Beauv.

狗尾草 *Setaria viridis*（L.）Beauv.

鼠尾粟 *Sporobolus fertilis*（Steud.）W.D.Clayt.

黄背草 *Themeda japonica*（Willd.）Tanaka

棕叶芦 *Thysanolaena maxima*（Roxb.）Kuntze

玉米 * *Zea mays* L.

菰 *Zizania latifolia*（Griseb.）Stapf

中华结缕草 *Zoysia sinica* Hance

附录Ⅱ　湖南通道玉带河国家湿地公园鱼类名录

物种学名及分类地位	动物区系	优势度	生态类型	保护级别		
				IUCN	RLCV	湘
一、鲤形目CYPRINIFORMES						
（一）鲤科Cyprinidae						
1 伍氏华鳊 *Sinibrama wui* △	B	++	SE HD MW	LC	LC	
2 四川半䱗 *Hemiculterella sauvagei* △	B	+	SE OD UW	LC	LC	
3 䱗 *Hemiculter leucisculus*	B C	+++	SE OD UW	LC	LC	
4 南方拟䱗 *Pseudohemiculter dispar*	B C	++	SE OD UW	LC	LC	
5 翘嘴鲌 *Culter alburnus*	B C	++	SE CD UW	LC	LC	
6 似鳊 *Toxabramis swinhonis* △	B C	++	SE OD UW	LC	LC	
7 黄尾鲴 *Xenocypris davidi* △ *	B C	++	RL HD MW	LC	LC	
8 光倒刺鲃 *Spinibarbus hollandi* *	A B	++	SE OD MW	LC	LC	
9 中华倒刺鲃 *Spinibarbus sinensis* △ *	A B	++	SE OD MW	LC	LC	湘
10 半刺光唇鱼 *Acrossocheilus hemispinus* △	C	++	SE OD MW	LC	LC	
11 宽鳍鱲 *Zacco platypus*	B C	+++	SE CD MW	LC	LC	
12 马口鱼 *Opsariicjthys bidens*	B C	+++	SE CD MW	LC	LC	
13 尖头鱥 *Rhynchocypris oxycephalus* *	B C D	++	SE OD MW	LC	LC	
14 青鱼 *Mylopharyngodon piceus* *	B C D	++	RL CD DW	LC	LC	
15 草鱼 *Ctenopharyngodon idellus* *	B C D	+++	RL HD MW	LC	LC	
16 赤眼鳟 *Squaliobarbus curriculus* *	F	++	RL OD UW	LC	LC	
17 高体鳑鲏 *Rhodeus ocellatus*	B C	+++	SE OD UW	LC	LC	
18 中华鳑鲏 *Rhodeus sinensis* △	B C	+++	SE OD UW	LC	LC	

140

续表

物种学名及分类地位	动物区系	优势度	生态类型	IUCN	RLCV	湘
19 广西鱊 *Acheilognathus meridianus* △ *	C	+	SE OD UW	DD	LC	
20 鲢 *Hypophthalmichthys molitrix* *	F	+++	RL FD UW	LC	LC	
21 鳙 *Aristichthys nobilis* *	F	++	RL FD UW	LC	LC	
22 花𩾌 *Hemibarbus maculatus*	A B	++	SE CD DW	LC	LC	
23 麦穗鱼 *Pseudorasbora parva*	F	+++	SE OD MW	LC	LC	
24 黑鳍鳈 *Sarcocheilichthys nigripinnis* △	A B C	+	SE OD MW	LC	LC	
25 棒花鱼 *Abbottina rivularis*	B C D	+++	SE OD DW	LC	LC	
26 蛇鮈 *Saurogobio dabryi*	B C D	+++	SE OD DW	LC	LC	
27 银鮈 *Squalidus argentatus* *	B C	+++	SE OD MW	LC	LC	
28 银色颌须鮈 *Gnathopogon argentatus*	B C	+++	SE OD MW	DD	DD	
29 鲫 *Carassius auratus*	F	+++	SE OD DW	LC	LC	
30 鲤 *Cyprinus carpio*	F	+++	SE OD DW	LC	LC	
（二）花鳅科 Cobitidae						
31 花鳅 *Cobitis taenia*	B C D E	++	SE OD DW	LC	LC	
32 泥鳅 *Misgurnus anguillicaudatus*	F	+++	SE OD DW	LC	LC	
33 大鳞副泥鳅 *Paramisgurnus dabryanus*	A B C D	+	SE OD DW	LC	LC	
二、鲇形目 SILURIFORMES						
（三）鲿科 Bagridae						
34 白边拟鲿 *Pseudobagrus albomarginatus* △	A B	+	SE OD DW	LC	LC	
35 大眼鮠 *Leiocassis macrops* △	B	+	SE CD DW	LC	LC	
36 黄颡鱼 *Pelteobagrus fulvidraco*	B C D	+++	SE OD DW	LC	LC	
37 大鳍鳠 *Hemibagrus macropterus* △	B	+++	SE OD DW	LC	LC	
（四）鲇科 Siluridae						
38 鲇 *Silurus asotus*	F	+++	SE CD MW	LC	LC	
三、合鳃鱼目 SYMBRANCHIFORMES						
（五）合鳃鱼科 Symbranchidae						
39 黄鳝 *Monopterus albus*	A B C	+++	SE CD DW	LC	LC	

续表

物种学名及分类地位	动物区系	优势度	生态类型	保护级别		
				IUCN	RLCV	湘
（六）刺鳅科 Mastacembelidae						
40 刺鳅 Macrognathus aculeatus △	C	++	SE CD DW	LC	LC	
四、鲈形目 PERCIFORMES						
（七）真鲈科 Percichthyidae						
41 波纹鳜 Siniperca undulata △	A B C	+	SE CD UW	NT	NT	湘
42 鳜 Siniperca chuatsi	F	++	SE CD UW	LC	LC	
43 大眼鳜 Siniperca kneri	B C	++	SE CD UW	LC	LC	
44 斑鳜 Siniperca scherzeri *	A B C D	+	SE CD UW	LC	LC	
45 中国少鳞鳜 Coreoperca whiteheadi	A B C	+	SE CD UW	LC	NT	
（八）塘鳢科 Eleotridae						
46 中华沙塘鳢 Odontobutis sinensis △	B C	+++	SE CD DW	LC	LC	
47 小黄黝鱼 Micropercops swinhonis △	B	++	SE CD DW	LC	LC	
（九）鰕虎鱼科 Gobiidae						
48 子陵吻虾虎鱼 Rhinogobius giurinus	B C	++	SE CD DW	LC	LC	
49 溪吻虾虎鱼 Rhinogobius duospilus △	C	++	SE CD DW	DD	DD	
（十）斗鱼科 Belontiidae						
50 圆尾斗鱼 Macropodus chinensis △	F	++	SE CD UW	LC	LC	
（十一）鳢科 Channidae						
51 乌鳢 Channa argus	F	++	SE CD DW	LC	LC	
52 斑鳢 Channa maculata	A B C	++	SE CD DW	LC	LC	

注：动物区系："A" 代表华西区，"B" 代表华东区，"C" 代表华南区，"D" 代表北方区，"E" 代表宁蒙区，"F" 代表广布种；优势度："+++" 代表优势种，"++" 代表常见种，"+" 代表稀有种。保护级别："△" 代表中国特有种，"*" 代表本次调查新纪录种；"IUCN" 代表《世界自然保护联盟物种红色名录》，"RLCV" 代表《中国脊椎动物红色名录》；濒危等级："VU" 代表易危，"NT" 代表近危，"LC" 代表无危，"DD" 数据不足。生态类型："RS" 代表江海洄游性，"RL" 代表河湖洄游性，"SE" 代表定居性，"FD" 代表滤食性，"HD" 代表植食性，"CD" 代表肉食性，"OD" 代表杂食性，"UW" 代表中上层，"MW" 代表中下层，"DW" 代表底栖。

附录Ⅲ 湖南通道玉带河国家湿地公园两栖动物名录

分类地位、物种名称	动物区系					资源量	生态类型	保护级别	收录依据
	东洋界			古北界	广布种				
	华中区	华南区	华中华南区						
无尾目 ANURA									
（一）角蟾科 Megophryidae									
1 宽头短腿蟾 *Brachytarsophrys carinensis*		※				+	TR	三	Z
（二）蟾蜍科 Bufonidae									
2 中华蟾蜍 *Bufo gargarizans*				※		+	TQ	三	C、F
3 黑眶蟾蜍 *Duttaphrynus melanostictus* *		※				+++	TQ	三	C、F
（三）雨蛙科 Hylidae									
4 三港雨蛙 *Hyla sanchiangensis*	※					++	A	三	Z
（四）蛙科 Ranidae									
5 华南湍蛙 *Amolops ricketti*		※				+	R	三	C
6 沼蛙 *Boulengerana guentheri*		※				+++	Q	三	Z、C
7 花臭蛙 *Odorrana schmackeri*		※				++	R	三	C、F
8 大绿臭蛙 *Odorrana graminea* *		※				+	R	三	F
9 寒露林蛙 *Rana hanluica* *	※					+	TQ		C
10 镇海林蛙 *Rana zhenhaiensis*		※				+	TQ	三	Z
11 黑斑侧褶蛙 *Pelophylax nigromaculatus*					※	+++	Q	三	C、F

续表

分类地位、物种名称	动物区系					资源量	生态类型	保护级别	收录依据
	东洋界			古北界	广布种				
	华中区	华南区	华中南区						
12 湖北侧褶蛙 *Pelophylax hubeiensis*			※			++	Q		Z
13 阔褶水蛙 *Sylvirana latouchii*			※			++	Q	三	Z、C
（五）叉舌蛙科 Dicroglossidae									
14 泽陆蛙 *Fejervarya multistriata*			※			+++	TQ	三	Z、C
15 棘胸蛙 *Quasipaa spinosa* *			※			++	R	三	Z、F
16 棘腹蛙 *Quasipaa boulengeri*			※			++	R	三	Z、F
17 虎纹蛙 *Hoplobatrachus chinensis*	※					+	Q	Ⅱ	Z、F
（六）树蛙科 Rhacophoridae									
18 大树蛙 *Rhacophorus dennysii*	※					+++	A	三	C、F
19 斑腿泛树蛙 *Polypedates megacephalus*			※			+	A	三	C、F
（七）姬蛙科 Microhylidae									
20 小弧斑姬蛙 *Microhyla heymonsi*			※			++	TQ	三	C、Z
21 饰纹姬蛙 *Microhyla ornate*			※			+++	TQ	三	C、Z
22 粗皮姬蛙 *Microhyla butleri* *			※			+++	TQ	三	C

注："*"代表本次调查新纪录种；保护级别：Ⅱ－"国家二级重点保护野生动物"；三－"国家保护的有益的或者有重要经济、科学研究价值的陆生野生动物"。生态类型：R－流水型；TQ－陆栖－静水型；TR－陆栖－流水型；Q－静水型；A－树栖型。资源量：+++－丰富，调查期间观察到的个体数10只以上；++－一般，观察到的个体数5～10只；+－稀少，观察到的物种个体总数在5只以下。收录依据：C－代表实地观察到的物种，F－调查访问到的物种，Z－文献记载。

附录Ⅳ 湖南通道玉带河国家湿地公园爬行动物名录

分类地位、物种名称	动物区系					资源量	保护级别	收录依据
	东洋界			古北界	广布种			
	华中区	华南区	华中南区					
一、蜥蜴目 LACERTIFORMES								
（一）壁虎科 Gekkonidae								
1 多疣壁虎 Gekko japonicus	※					+++	三	Z
（二）石龙子科 Scincidae								
2 中国石龙子 Eumeces chinensis		※				+++	三	Z
3 蓝尾石龙子 Eumeces tlegans		※				++	三	C、Z
4 铜蜓蜥 Sphenomorphus indicus		※				++	三	C
（三）蜥蜴科 Lacertidae								
5 北草蜥 Takydromus septentrionalis				※		++	三	Z
二、蛇目 SERPENTIFORMES								
（四）游蛇科 Colubridae								
6 锈链腹链蛇 Amphiesma craspedogaster *			※			+++	三	C
7 草腹链蛇 Amphiesma stolatum *	※					+	三	C、F
8 丽纹腹链蛇 Hebius optatum *			※			+	三	Z
9 翠青蛇 Cyclophiops major			※			+++	三	Z、F
10 赤链蛇 Dinodon rufozonatum				※		++	三	C

续表

分类地位、物种名称	东洋界			古北界	广布种	资源量	保护级别	收录依据
	华中区	华南区	华中南区					
11 王锦蛇 Elaphe carinata			※			+++	三	Z
12 灰腹绿蛇 Rhadinophis frenatus *			※			+	三	Z
13 虎斑颈槽蛇 Rhabdophis tigrinus					※	++	三	Z、F
14 黑眉锦蛇 Elaphe taeniura					※	+++	三	Z、F
15 红纹滞卵蛇 Oocatochus rufodorsatus			※			++	三	Z、F
16 黑背链蛇 Lycodon ruhstrati *			※			++	三	Z、C
17 中国小头蛇 Oligodon chinensis *			※			+	三	Z、C
18 缅甸钝头蛇 Pareas hamptoni *					※	++	三	Z、C
19 大眼斜鳞蛇 Pseudoxenodon macrops *					※	+	三	F
20 灰鼠蛇 Ptyas korros			※			++	三	Z、F
21 滑鼠蛇 Ptyas mucosa *			※			+	三	Z、F
22 颈棱蛇 Macropisthodon rudis *	※					+	三	F
23 乌华游蛇 Sinonatrix percarinata			※			+++	三	C、Z
24 异色蛇 Xenochrophis piscator			※			+	三	Z
25 乌梢蛇 Zaocys dhumnades			※			++	三	Z、F
（五）眼镜蛇科 Elapidae								
26 银环蛇 Bungarus multicinctus			※			++	三	Z、C
27 舟山眼镜蛇 Naja atra *			※			++	三	Z、F
28 中华珊瑚蛇 Sinomicrurus macclellandi *	※					+	三	Z、C
（六）蝰科 Viperidae								
29 白头蝰 Azemiops kharini			※			+	三	C
30 尖吻蝮 Deinagkistrodon acutus *	※					+	三	Z、F

续表

分类地位、物种名称	动物区系					资源量	保护级别	收录依据
	东洋界			古北界	广布种			
	华中区	华南区	华中南区					
31 短尾蝮 *Gloydius brevicaudus*					※	+	三	Z、F
32 原矛头蝮 *Protobothrops mucrosquamatus*			※			+++	三	C、Z
33 山烙铁头蛇 *Ovophis monticola* *			※			+	三	F
34 福建绿蝮 *Viridovipera stejnegeri*			※			++	三	Z、F

注："*"代表本次调查新纪录种；保护级别：三 - "国家保护的有益的或者有重要经济、科学研究价值的陆生野生动物"。资源量：+++ - 丰富，调查期间观察到的个体数3条以上；++ - 一般，观察到的个体数2 ~ 3条；+ - 稀少，观察到的物种个体总数在1条或未见到实体。收录依据：C - 代表实地观察到的物种，F - 调查访问到的物种，Z - 文献记载。

附录Ⅴ 湖南通道玉带河国家湿地公园鸟类名录

物种学名及分类地位	区系	居留型	优势度	濒危保护级别							
				国家级	三	湘	特	IUCN	红色	CITES	中日	中澳

一、鸡形目 GALLIFORMES

（一）雉科 Phasianidae

物种学名及分类地位	区系	居留型	优势度	国家级	三	湘	特	IUCN	红色	CITES	中日	中澳
1 灰胸竹鸡 Bambusicola thoracicus	东	R	++		三	湘	特	LC	LC			
2 白鹇 Lophura nycthemera	东	R	+	Ⅱ				LC	LC			
3 白颈长尾雉 Symaticus ellioti	东	R	+	Ⅰ			特	NT	VU	i		
4 环颈雉 Phasianus colchicus	广	R	++		三	湘		LC	LC			
5 红腹锦鸡 Chrysolophus pictus	东	R	+	Ⅱ			特	LC	NT			

二、雁形目 ANSERIFORMES

（二）鸭科 Anatidae

物种学名及分类地位	区系	居留型	优势度	国家级	三	湘	特	IUCN	红色	CITES	中日	中澳
6 豆 雁 Anser fabalis *	古	P	+		三	湘		LC	LC		中日	
7 小天鹅 Cygnus columbianus	古	P	+	Ⅱ				LC	NT		中日	
8 鸳鸯 Aix galericulata	古	W	++	Ⅱ				LC	NT		中日	
9 棉凫 Nettapus coromandelianus *	东	S	+	Ⅱ	三	湘		LC	LC			
10 白眉鸭 Anas querquedula *	古	W	+		三	湘		LC	LC		中日	中澳
11 绿翅鸭 Anas crecca *	古	W	+		三	湘		LC	LC		中日	
12 红头潜鸭 Aythya ferina *	古	W	+		三			LC	LC		中日	
13 凤头潜鸭 Aythya fuligula *	古	W	+		三	湘		LC	LC		中日	
14 中华秋沙鸭 Mergus squamatus *	古	W	+	Ⅰ				EN	EN			

148

续表

物种学名及分类地位	区系	居留型	优势度	濒危保护级别								
				国家级	三	湘	特	IUCN	红色	CITES	中日	中澳
三、䴙䴘目 PODICIPEDIFORMES												
（三）䴙䴘科 Podicipedidae												
15 小䴙䴘 *Tachybaptus ruficollis*	东	R	+++		三	湘		LC	LC			
四、鸽形目 COLUMBIFORMES												
（四）鸠鸽科 Columbidae												
16 珠颈斑鸠 *Streptopelia chinensis*	东	R	+++		三	湘		LC	LC			
17 山斑鸠 *Streptopelia orientalis*	古	R	+++		三	湘		LC	LC			
五、夜鹰目 CAPRIMULGIFORMES												
（五）夜鹰科 Caprimulgidae												
18 普通夜鹰 *Caprimulgus indicus*	东	S	+		三	湘		LC	LC		中日	
（六）雨燕科 Apodidae												
19 小白腰雨燕 *Apus nipalensis* *	广	S	++		三	湘		LC	LC		中日	
六、鹃形目 CUCULIFORMES												
（七）杜鹃科 Cuculidae												
20 大鹰鹃 *Cuculus sparverioides*	东	S	++		三	湘		LC	LC			
21 四声杜鹃 *Cuculus micropterus*	东	S	++		三	湘		LC	LC			
22 大杜鹃 *Cuculus canorus*	广	S	++		三	湘		LC	LC		中日	
23 噪鹃 *Eudynamys scolopacea* *	东	S	++		三	湘		LC	LC			
24 褐翅鸦鹃 *Centropus sinensis* *	东	S	+	Ⅱ				LC	LC			
七、鹤形目 GRUIFORMES												
（八）鹤科 Gruidae												
25 灰鹤 *Grus grus*	古	P	+	Ⅱ				LC	NT	ⅱ	中日	
（九）秧鸡科 Rallidae												
26 白胸苦恶鸟 *Amaurornis phoenicurus*	东	S	++		三	湘		LC	LC			

续表

物种学名及分类地位	区系	居留型	优势度	濒危保护级别						
				国家级	三	湘	特	IUCN	红色	CITES	中日	中澳

物种学名及分类地位	区系	居留型	优势度	国家级	三	湘	特	IUCN	红色	CITES	中日	中澳
27 黑水鸡 *Gallinula chloropus*	广	S	++		三	湘		LC	LC		中日	
28 白骨顶 *Fulica atra* *	古	W	+		三	湘		LC	LC			
八、鸻形目 CHARADRIIFORMES												
（十）反嘴鹬科 Recurvirostridae												
29 黑翅长脚鹬 *Himantopus himantopus* *	广	P	++		三			LC	LC		中日	
（十一）鸻科 Charadriidae												
30 灰头麦鸡 *Vanellus cinereus*	古	W	++		三			LC	LC			
31 金眶鸻 *Charadrius dubius*	广	S	++		三			LC	LC			中澳
32 环颈鸻 *Charadrius alexandrinus*	古	W	++		三	湘		LC	LC			
（十二）鹬科 Scolopacidae												
33 针尾沙锥 *Gallinago stenura*	古	P	++		三	湘		LC	LC			中澳
34 丘鹬 *Scolopax rusticola* *	古	P	++		三	湘		LC	LC			
35 鹤鹬 *Tringa erythropus* *	古	W	+		三			LC	LC		中日	
36 红脚鹬 *Tringa totanus*	古	W	+		三	湘		LC	LC		中日	中澳
37 泽鹬 *Tringa stagnatilis* *	古	P	+		三			LC	LC		中日	中澳
38 青脚鹬 *Tringa nebularia*	古	W	+		三	湘		LC	LC		中日	中澳
39 白腰草鹬 *Tringa ochropus*	古	W	++		三	湘		IUCN	LC		中日	
40 矶鹬 *Tringa nebularia*	古	W	++		三	湘		LC	LC		中日	中澳
（十三）三趾鹑科 Turnicidae												
41 黄脚三趾鹑 *Turnix tanki* *	东	R	+					LC	LC			
（十四）鸥科 Laridae												
42 红嘴鸥 *Larus ridibundus* *	古	P	+		三	湘		LC	LC		中日	
43 灰翅浮鸥 *Chlidonias hybrida* *	东	S	+		三			LC	LC			

续表

物种学名及分类地位	区系	居留型	优势度	濒危保护级别								
				国家级	三	湘	特	IUCN	红色	CITES	中日	中澳
九、鲣鸟目 SULIFORMES												
（十五）鸬鹚科 Phalacrocoracidae												
44 普通鸬鹚 *Phalacrocorax carbo*	广	W	+		三	湘		LC	LC			
十、鹈形目 PELECANIFORMES												
（十六）鹭科 Ardeidae												
45 苍鹭 *Ardea cinerea*	古	W	++		三	湘		LC	LC			
46 中白鹭 *Egretta intermedia* *	东	W	++		三	湘		LC	LC		中日	
47 白鹭 *Egretta garztta*	东	R	+++		三	湘		LC	LC			
48 池鹭 *Ardeola bacchus*	东	R	+++		三	湘		LC	LC			
49 牛背鹭 *Bubulcus ibis*	东	R	+++		三	湘		LC	LC		中日	中澳
50 夜鹭 *Nycticorax nycticorax*	广	S	+++		三	湘		LC	LC		中日	
51 绿鹭 *Butorides striata*	东	S	++		三	湘		LC	LC		中日	
52 黄斑苇鳽 *Ixobrychus sinensis* *	东	S	++		三	湘		LC	LC		中日	中澳
十一、鹰形目 ACCIPITRIFORMES												
（十七）鹰科 Accipitridae												
53 黑翅鸢 *Elanus caeruleus* *	东	R	+	Ⅱ				LC	NT	ⅱ		
54 蛇雕 *Spilornis cheela* *	东	R	+	Ⅱ				LC	NT	ⅱ		
55 林雕 *Ictinaetus malaiensis* *	东	P	+	Ⅱ				LC	VU	ⅱ		
56 黑冠鹃隼 *Aviceda leuphotes*	东	R	+	Ⅱ				LC	LC	ⅱ		
57 褐冠鹃隼 *Aviceda jerdoni* *	东	P	+	Ⅱ				LC	NT	ⅱ		
58 黑鸢 *Milvus migrans*	古	R	+	Ⅱ				LC	LC	ⅱ		
59 白尾鹞 *Circus cyaneus*	古	W	+	Ⅱ				LC	NT	ⅱ	中日	
60 日本松雀鹰 *Accipiter gularis*	东	P	+	Ⅱ				LC	LC	ⅱ		
61 松雀鹰 *Accipiter virgatus* *	东	R	+	Ⅱ				LC	LC	ⅱ	中日	

物种学名及分类地位	区系	居留型	优势度	濒危保护级别								
				国家级	三	湘	特	IUCN	红色	CITES	中日	中澳
62 雀鹰 *Accipiter nisus*	古	W	+	II				LC	LC	ii		
63 灰脸鵟鹰 *Butastur indicus* *	古	W	+	II				LC	NT	ii		
64 普通鵟 *Buteo japonicus* *	古	W	+	II				LC	LC	ii		
十二、鸮形目 STRIGIFORMES												
（十八）鸱鸮科 Strigidae												
65 领角鸮 *Otus lettia*	东	R	+	II				LC	LC	ii		
66 红角鸮 *Otus sunia*	广	R	++	II				LC	LC	ii		
67 褐林鸮 *Strix leptogrammica*	东	R	+	II				LC	NT	ii		
68 领鸺鹠 *Glaucidium brodiei*	东	R	+	II				LC	LC	ii		
69 斑头鸺鹠 *Glaucidium cuculoides*	东	R	++	II				LC	LC	ii		
（十九）草鸮科 Tytonidae												
70 草鸮 *Tyto longimembris* *	东	R	+	II				LC	DD	ii		
十三、犀鸟目 BUCEROTIFORMES												
（二十）戴胜科 Upupidae												
71 戴胜 *Upupa epops*	广	R	++		三	湘		LC	LC			
十四、佛法僧目 CORACIIFORMES												
（二十一）蜂虎科 Meropidae												
72 蓝喉蜂虎 *Merops viridis*	东	S	+	II	三			LC	LC			
（二十二）翠鸟科 Alcedinidae												
73 普通翠鸟 *Alcedo atthis*	广	R	++		三	湘		LC	LC			
74 白胸翡翠 *Halcyon smyrnensis* *	广	S	+	II	三			LC	LC			
75 蓝翡翠 *Halcyon pileata*	东	S	+		三	湘		LC	LC			
76 斑鱼狗 *Ceryle rudis*	广	R	++					LC	LC			

续表

物种学名及分类地位	区系	居留型	优势度	濒危保护级别							
				国家级	三	湘	特	IUCN	红色	CITES	中日 中澳
十五、啄木鸟目 PICIFORMES											
（二十三）拟啄木鸟科 Capitonidae											
77 大拟啄木鸟 *Megalaima virens* *	东	R	++		三			LC	LC		
78 黑眉拟啄木鸟 *Megalaima oorti* *	东	R	++		三			LC	LC		
（二十四）啄木鸟科 Picidae											
79 蚁䴕 *Jynx torquilla* *	古	W	++		三	湘		LC	LC		
80 斑姬啄木鸟 *Picumnus innominatus*	东	R	+++		三	湘		LC	LC		
81 白眉棕啄木鸟 *Sasia ochracea* *	东	R	+		三			LC	LC		
82 棕腹啄木鸟 *Dendrocopos hyperythrus* *	东	P	+		三	湘		LC	LC		
83 星头啄木鸟 *Dendrocopos canicapillus* *	东	R	++		三	湘		LC	LC		
84 大斑啄木鸟 *Dendrocopos major*	古	R	++		三	湘		LC	LC		
85 灰头绿啄木鸟 *Picus canus*	古	R	++		三	湘		LC	LC		
86 黄嘴栗啄木鸟 *Blythipicus pyrrhotis* *	东	R	++		三			LC	LC		
十六、隼形目 FALCONIFORMES											
（二十五）隼科 Falconidae											
87 红隼 *Falco tinnunculus*	广	R	+	II				LC	LC	ii	
88 红脚隼 *Falco amurensis*	古	W	+	II				LC	NT	ii	
89 灰背隼 *Falco columbarius*	古	W	+	II				LC	NT	ii	中日
90 燕隼 *Falco subbuteo* *	古	R	+	II				LC	LC	ii	中日
十七、雀形目 PASSERIFORMES											
（二十六）黄鹂科 Oriolidae											
91 黑枕黄鹂 *Oriolus chinensis* *	东	S	+		三	湘		LC	LC		中日
（二十七）山椒鸟科 Campephagidae											
92 小灰山椒鸟 *Pericrocotus cantonensis*	东	S	++		三			LC	LC		

续表

物种学名及分类地位	区系	居留型	优势度	濒危保护级别							
				国家级	三	湘	特	IUCN	红色	CITES	中日 中澳
93 灰喉山椒鸟 *Pericrocotus solaris* *	东	R	++		三	湘		LC	LC		
（二十八）卷尾科 Dicruridae											
94 黑卷尾 *Dicrurus macrocercus* *	东	S	+++		三	湘		LC	LC		
95 发冠卷尾 *Dicrurus hottentottus*	东	S	++		三	湘		LC	LC		
（二十九）王鹟科 Monarchidae											
96 寿带 *Terpsiphone paradisi* *	东	S	+		三	湘		LC	NT		
（三十）伯劳科 Laniidae											
97 虎纹伯劳 *Lanius tigrinus* *	东	S	+		三	湘		LC	LC		中日
98 红尾伯劳 *Lanius cristatus*	东	R	++		三	湘		LC	LC		中日
99 棕背伯劳 *Lanius schach*	东	R	+++		三	湘		LC	LC		
100 灰背伯劳 *Lanius tephronotus*	东	S	+		三	湘		LC	LC		
（三十一）鸦科 Corvidae											
101 松鸦 *Garrulus glandarius*	古	R	++			湘		LC	LC		
102 红嘴蓝鹊 *Urocissa erythrorhyncha*	东	R	+++		三	湘		LC	LC		
103 灰树鹊 *Dendrocitta formosae* *	东	R	++		三	湘		LC	LC		
104 喜鹊 *Pica pica* *	古	R	++		三	湘		LC	LC		
105 大嘴乌鸦 *Corvus macrorhynchos* *	广	R	++			湘		LC	LC		
106 白颈鸦 *Corvus pectoralis*	东	R	++			湘		VU	NT		
（三十二）玉鹟科 Stenostiridae											
107 方尾鹟 *Culicicapa ceylonensis*	东	S	+					LC	LC		
（三十三）山雀科 Paridae											
108 黄腹山雀 *Parus venustulus*	东	R	+++		三	湘	特	LC	LC		
109 大山雀 *Parus major*	广	R	+++		三	湘		LC	LC		

续表

物种学名及分类地位	区系	居留型	优势度	濒危保护级别								
				国家级	三	湘	特	IUCN	红色	CITES	中日	中澳
（三十四）百灵科 Alaudidae												
110 小云雀 *Alauda gulgula*	东	R	++		三			LC	LC			
（三十五）扇尾莺科 Cisticolidae												
111 黄腹山鹪莺 *Prinia flaviventris* *	东	R	+					LC	LC			
112 纯色山鹪莺 *Prinia inornata*	东	R	+++					LC	LC			
（三十六）苇莺科 Acrocephalidae												
113 东方大苇莺 *Acrocephalus orientalis* *	广	S	+		三			LC	LC		中日	中澳
114 黑眉苇莺 *Acrocephalus bistrigiceps* *	古	S	+		三			LC	LC		中日	
（三十七）燕科 Hirundinidae												
115 家燕 *Hirundo rustica*	古	S	+++		三	湘		LC	LC		中日	中澳
116 金腰燕 *Cecropis daurica*	古	S	+++		三	湘		LC	LC		中日	
（三十八）鹎科 Pycnonotidae												
117 领雀嘴鹎 *Spizixos semitorques*	东	R	+++		三	湘		LC	LC			
118 白头鹎 *Pycnonotus sinensis*	东	R	+++		三	湘		LC	LC			
119 黄臀鹎 *Pycnonotus xanthorrhous*	东	R	++		三	湘		LC	LC			
120 白喉红臀鹎 *Pycnonotus aurigaster* *	东	R	+		三	湘		LC	LC			
121 栗背短脚鹎 *Hemixos castanonotus*	东	R	+++					LC	LC			
122 绿翅短脚鹎 *Hypsipetes mcclellandii*	东	R	+++					LC	LC			
（三十九）柳莺科 Phylloscopidae												
123 褐柳莺 *Phylloscopus fuscatus* *	古	W	+		三			LC	LC			
124 黄腰柳莺 *Phylloscopus proregulus*	古	P	++		三			LC	LC			
125 黄眉柳莺 *Phylloscopus inornatus*	古	P	++		三			LC	LC		中日	
126 冠纹柳莺 *Phylloscopus reguloides* *	东	S	+++		三			LC	LC			
127 叽喳柳莺 *Phylloscopus collybita* *	东	S	+		三			LC	LC			

续表

物种学名及分类地位	区系	居留型	优势度	濒危保护级别							
				国家级	三	湘	特	IUCN	红色	CITES	中日	中澳
128 黑眉柳莺 *Phylloscopus ricketti* *	东	S	++		三			LC	LC		中日	
（四十）树莺科 Cettiidae												
129 棕脸鹟莺 *Abroscopus albogularis*	东	R	++					LC	LC			
130 强脚树莺 *Cettia fortipes*	东	R	+++					LC	LC			
（四十一）长尾山雀科 Aegithalidae												
131 红头长尾山雀 *Aegithalos concinnus*	东	R	+++		三	湘		LC	LC			
（四十二）莺鹛科 Sylviidae												
132 棕头鸦雀 *Sinosuthora webbiana*	东	R	+++		三	湘		LC	LC			
（四十三）绣眼鸟科 Zosteropidae												
133 栗耳凤鹛 *Yuhina castaniceps*	东	R	+++					LC	LC			
134 黑颏凤鹛 *Yuhina nigrimenta*	东	R	+					LC	LC			
135 红胁绣眼鸟 *Zosterops erythropleurus*	古	W	+	II	三			LC	LC			
136 暗绿绣眼鸟 *Zosterops japonicus*	东	R	+++		三	湘		LC	LC			
（四十四）林鹛科 Timaliidae												
137 斑胸钩嘴鹛 *Erythrogenys swinhoei*	东	R	++			湘		LC	LC			
138 棕颈钩嘴鹛 *Pomatorhinus ruficollis*	东	R	+++			湘		LC	LC			
139 红头穗鹛 *Cyanoderma ruficeps*	东	R	+++					LC	LC			
（四十五）幽鹛科 Pellorneidae												
140 灰眶雀鹛 *Alcippe morrisonia*	东	R	+++					LC	LC			
（四十六）噪鹛科 Leiothrichidae												
141 画眉 *Garrulax canorus*	东	R	++	II	三	湘		LC	NT	ii		
142 黑脸噪鹛 *Garrulax perspicillatus*	东	R	+++		三	湘		LC	LC			
143 白颊噪鹛 *Garrulax sannio*	东	R	+++		三			LC	LC			
144 红嘴相思鸟 *Leiothrix lutea*	东	R	++	II	三	湘		LC	LC	ii		

续表

物种学名及分类地位	区系	居留型	优势度	濒危保护级别								
				国家级	三	湘	特	IUCN	红色	CITES	中日	中澳
145 黑头奇鹛 *Heterophasia desgodinsi* *	东	R	+					LC	LC			
（四十七）河乌科 Cinclidae												
146 褐河乌 *Cinclus pallasii*	东	R	+					LC	LC			
（四十八）椋鸟科 Sturnidae												
147 八哥 *Acridotheres cristatellus*	东	R	+++		三	湘		LC	LC			
148 丝光椋鸟 *Sturnus sericeus*	东	R	+++		三			LC	LC			
149 灰椋鸟 *Sturnus cineraceus*	古	W	+++		三			LC	LC			
（四十九）鸫科 Turdidae												
150 虎斑地鸫 *Zoothera aurea*	古	P	+		三			LC	LC		中日	
151 乌鸫 *Turdus mandarinus*	广	R	+++			湘	特	LC	LC			
152 红尾斑鸫 *Turdus naumanni*	古	P	+					LC	LC			
153 斑鸫 *Turdus eunomus*	古	W	+++		三	湘		LC	LC		中日	
（五十）鹟科 Muscicapidae												
154 红胁蓝尾鸲 *Tarsiger cyanurus*	古	W	+++		三	湘		LC	LC		中日	
155 鹊鸲 *Copsychus saularis*	东	R	++		三			LC	LC			
156 北红尾鸲 *Phoenicurus auroreus*	古	W	+++		三			LC	LC		中日	
157 红尾水鸲 *Rhyacornis fuliginosa*	东	R	++			湘		LC	LC			
158 白顶溪鸲 *Chaimarrornis leucocephalus*	东	R	+					LC	LC			
159 紫啸鸫 *Myophonus caeruleus*	东	S	++		三	湘		LC	LC			
160 小燕尾 *Enicurus scouleri*	东	R	++			湘		LC	LC			
161 灰背燕尾 *Enicurus schistaceus*	东	R	++			湘		LC	LC			
162 白额燕尾 *Enicurus leschenaulti*	东	R	++			湘		LC	LC			
163 黑喉石即鸟 *Saxicola manrus*	广	R	+++		三			LC	LC		中日	
164 灰林即鸟 *Saxicola ferreus*	东	R	+					LC	LC			

物种学名及分类地位	区系	居留型	优势度	濒危保护级别								
				国家级	三	湘	特	IUCN	红色	CITES	中日	中澳
165 蓝矶鸫 *Monticola solitarius* *	东	R	+					LC	LC			
166 乌鹟 *Muscicapa sibirica*	古	W	+		三			LC	LC		中日	
167 北灰鹟 *Muscicapa dauurica*	古	P	+		三			LC	LC		中日	
168 白喉林鹟 *Cyornis brunneatus* *	东	S	+	II	三			VU	VU			
（五十一）叶鹎科 Chloropseidae												
169 橙腹叶鹎 *Chloropsis hardwickii* *	东	R	+		三			LC	LC			
（五十二）花蜜鸟科 Nectariniidae												
170 叉尾太阳鸟 *Aethopyga christinae* *	东	R	+		三	湘		LC	LC			
（五十三）梅花雀科 Estrildidae												
171 白腰文鸟 *Lonchura striata*	东	R	+++					LC	LC			
172 斑文鸟 *Lonchura punctulata* *	东	R	+++					LC	LC			
（五十四）雀科 Passeridae												
173 山麻雀 *Passer cinnamomeus*	东	R	+++		三			LC	LC		中日	
174 麻雀 *Passer montanus*	广	R	+++		三	湘		LC	LC			
（五十五）鹡鸰科 Motacillidae												
175 白鹡鸰 *Motacilla alba*	古	R	+++		三			LC	LC		中日	中澳
176 黄鹡鸰 *Motacilla tschutschensis* *	古	P	+		三			LC	LC		中日	中澳
177 黄头鹡鸰 *Motacilla citreola* *	古	W	+		三			LC	LC		中日	中澳
178 灰鹡鸰 *Motacilla cinerea*	广	R	+++		三			LC	LC			中澳
179 树鹨 *Anthus hodgsoni* *	古	W	+++		三			LC	LC		中日	
180 水鹨 *Anthus spinoletta*	古	W	+		三			LC	LC		中日	
（五十六）燕雀科 Fringillidae												
181 燕雀 *Fringilla montifringilla*	古	W	+++		三			LC	LC		中日	
182 金翅雀 *Chloris sinica*	东	R	+++		三	湘		LC	LC			

续表

物种学名及分类地位	区系	居留型	优势度	濒危保护级别								
				国家级	三	湘	特	IUCN	红色	CITES	中日	中澳
183 黑尾蜡嘴雀 *Eophona migratoria*	古	W	+++		三	湘		LC	LC		中日	
（五十七）鹀科 Emberizidae												
184 三道眉草鹀 *Emberiza cioides*	古	R	++		三			LC	LC			
185 小鹀 *Emberiza pusilla*	古	W	+++		三			LC	LC		中日	
186 灰头鹀 *Emberiza spodocephala*	古	W	+++		三			LC	LC		中日	
187 黄喉鹀 *Emberiza elegans* *	古	W	+		三			LC	LC		中日	
188 黄眉鹀 *Emberiza chrysophrys* *	古	W	+		三			LC	LC			

注：动物区系："东"代表东洋界，"古"代表古北界，"广"代表广布种；居留型："R"代表留鸟，"S"代表夏候鸟，"W"代表冬候鸟，"P"代表旅鸟。优势度："+++"代表优势种，"++"代表常见种，"+"代表稀有种。"*"代表本次调查新纪录种；保护级别："I"代表国家一级重点保护野生动物，"Ⅱ"代表国家二级重点保护野生动物，"特"代表中国特有种，"三"代表国家保护的有益的或者有重要经济、科学研究价值的陆生野生动物；"湘"代表被列入《湖南省重点保护陆生野生动物名录》的物种，"IUCN"代表世界自然联盟红色名录，"RLCV"中国脊椎动物红色名录，濒危等级："EN"代表濒危，"VU"代表易危，"NT"代表近危，"LC"代表无危，"DD"代表数据缺乏；CITES公约附录："ⅰ"代表被列入附录1的物种，"ⅱ"代表被列入附录2的物种；"中日"代表中日两国候鸟保护协定附录物种，"中澳"代表中日两国候鸟保护协定附录物种。

附录Ⅵ 湖南通道玉带河国家湿地公园兽类名录

分类地位、物种名称	动物区系	濒危保护级别						
		国家级	三有	湘	特	IUCN	RLCV	CITES
一、劳亚食虫目 EULIPOTYPHLA								
（一）猬科 Erinaceidae								
1 东北刺猬 *Erinaceus amurensis*	广		三	湘		LC	LC	
（二）鼹科 Talpidae								
2 华南缺齿鼹 *Mogera insularis*	东			湘		LC	LC	
（三）鼩鼱科 Soricidae								
3 臭鼩 *Suncus murinus*	东					LC	LC	
二、翼手目 CHIROPTERA								
（四）菊头蝠科 Rhinolophidae								
4 中菊头蝠 *Rhinolophus affinis*	东			湘		LC	LC	
5 鲁氏菊头蝠 *Rhinolophus rouxi*	东			湘		LC	LC	
（五）蹄蝠科 Hipposideridae								
6 普氏蹄蝠 *Hipposideros pratti*	东			湘		LC	NT	
（六）蝙蝠科 VESPERTILIONIDAE								
7 普通伏翼 *Pipistrellus pipistrellus*	广			湘		LC	LC	
8 东方蝙蝠 *Vespertilio sinensis*	广			湘		LC	LC	
9 褐山蝠 *Nyctalus noctula*	广			湘		LC	LC	

续表

分类地位、物种名称	动物区系	濒危保护级别						
		国家级	三有	湘	特	IUCN	RLCV	CITES
三、食肉目 CARNIVORA								
（七）鼬科 Mustelidae								
10 黄腹鼬 *Mustela Kathiah* *	东		三	湘		LC	NT	ⅲ
11 黄鼬 *Mustela sibirica*	广		三	湘		LC	LC	ⅲ
12 鼬獾 *Melogale moschata*	东		三	湘		LC	NT	
13 猪獾 *Arctonyx collaris* *	东		三	湘		LC	NT	
（八）灵猫科 Viverridae								
14 小灵猫 *Viverricula indica*	东	I				LC	VU	ⅲ
15 斑林狸 *Prionodon pardicolor* *	东	II				LC	VU	ⅰ
16 果子狸 *Paguma larvata*	东		三	湘		LC	NT	ⅲ
（九）猫科 Felidae								
17 豹猫 *Prionailurus bengalensis*	东	II	三	湘		LC	VU	ⅱ
四、鲸偶蹄目 CETARTIOACTYLA								
（十）猪科 Suidae								
18 野猪 *Sus scrofa*	广		三	湘		LC	LC	
（十一）鹿科 Cervidae								
19 毛冠鹿 *Elaophodus cephalophus*	东	II	三	湘		NT	VU	
20 小鹿 *Muntiacus reevesi*	东		三	湘	特	LC	VU	
五、啮齿目 RODENTIA								
（十二）松鼠科 Sciuridae								
21 隐纹花松鼠 *Tamiops swinhoei*	东		三	湘		LC	LC	
（十三）鼠科 Muridae								
22 褐家鼠 *Ratus norvegicus*	古					LC	LC	
23 黄胸鼠 *Ratus tanezumi*	东					LC	LC	

分类地位、物种名称	动物区系	濒危保护级别						
		国家级	三有	湘	特	IUCN	RLCV	CITES
24 白腹巨鼠 *Leopoldamys edwardsi*	东					LC	LC	
25 小家鼠 *Mus musculus*	广					LC	LC	
（十四）鼹型鼠科 Spalacidae								
26 银星竹鼠 *Rhizomys pruinosus*	东		三	湘		LC	LC	
27 中华竹鼠 *Rhizomys sinensis*	东		三	湘		LC	LC	
（十五）豪猪科 Hystricidae								
28 中国豪猪 *Hystrix hodgsoni*	东		三	湘		LC	LC	
六、兔形目 LAGOMORPHA								
（十六）兔科 Leporidae								
29 华南兔 *Lepus sinensis*	东		三	湘		LC	LC	

注：动物区系："东"代表东洋界，"古"代表古北界，"广"代表广布种；"*"代表本次调查新纪录种；保护级别："I"代表国家一级重点保护野生动物，"II"代表国家二级重点保护野生动物，"特"代表中国特有种，"三"代表国家保护的有益的或者有重要经济、科学研究价值的陆生野生动物；"湘"代表被列入《湖南省重点保护陆生野生动物名录》的物种，"IUCN"代表世界自然联盟红色名录，"RLCV"中国脊椎动物红色名录，濒危等级："EN"代表濒危，"VU"代表易危，"NT"代表近危，"LC"代表无危，"DD"代表数据缺乏；CITES公约附录："i"代表被列入附录1的物种，"ii"代表被列入附录2的物种；"iii"代表被列入附录2的物种。